国家新闻出版改革发展项目库入库项目
高 等 院 校 计 算 机 类 规 划 教 材
全国高等院校计算机基础教育研究会立项项目成果

大学计算机

陈春丽　编著

北京邮电大学出版社
www.buptpress.com

内 容 简 介

本书根据工程教育认证要求，以"四新"建设为引领，以培养实用型人才为目标，结合当前高校大学计算机课程教学改革实践而编写。

本书以数据处理为主线，以计算思维和编程思维为切入点，介绍数据表示-数据编码-数据平台-数据计算-数据处理-数据可视化等内容。本书分为7章，每章含有丰富的实例与在线实训任务，借助于开源软件打造"以学生为中心"的实验环境，满足不同基础、不同专业的计算机公共课程的教学要求。

本书内容丰富，深入浅出，结构清晰，语言通俗易懂，配套资源齐全（含头歌在线实训），可作为高等院校计算机基础公共课的教材，也可作为自学参考书。

图书在版编目(CIP)数据

大学计算机 / 陈春丽编著. -- 北京：北京邮电大学出版社，2023.7
ISBN 978-7-5635-6952-6

Ⅰ.①大… Ⅱ.①陈… Ⅲ.①电子计算机—高等学校—教材 Ⅳ.①TP3

中国国家版本馆 CIP 数据核字(2023)第 129830 号

策划编辑：马晓仟　　责任编辑：刘春棠　　责任校对：张会良　　封面设计：七星博纳

出版发行	北京邮电大学出版社
社　　址	北京市海淀区西土城路 10 号
邮政编码	100876
发 行 部	电话：010-62282185　传真：010-62283578
E-mail	publish@bupt.edu.cn
经　　销	各地新华书店
印　　刷	保定市中画美凯印刷有限公司
开　　本	787 mm×1 092 mm　1/16
印　　张	11
字　　数	283 千字
版　　次	2023 年 7 月第 1 版
印　　次	2023 年 7 月第 1 次印刷

ISBN 978-7-5635-6952-6　　　　　　　　　　　　　　　　　定价：29.80 元

· 如有印装质量问题，请与北京邮电大学出版社发行部联系 ·

前　言

党中央在全国教育大会上指出高校要着重培养"创新型、复合型、应用型人才",党的二十大报告进一步提出"全面提高人才自主培养质量,着力造就拔尖创新人才"。为了培养适应新时代发展的毕业生,以培养"五育并举"的实用创新型人才为目标,变革知识能力培养为学习能力培养,我们多次调研兄弟高校和产业需求,由具有多年丰富教学经验的一线教师编写了本书,以新工科与学科交叉融合的全新视角组织计算机基础通识内容,普及大数据、云计算和人工智能等新一代信息技术,开展赋能教育。

本书围绕数据处理主线,开展"数据表示-数据编码-数据平台-数据计算-数据处理-数据可视化"的讲解与实验,融合计算思维与能力的培养,使读者系统、全面地了解计算机基础知识,具备计算机实际应用能力和基本的编程能力,为读者学习后续的程序设计类课程打下坚实的基础,并让读者能在专业领域中利用计算机解决工程问题和进行学术研究。

本书在内容设计上注重实践,文中大量篇幅介绍了不同平台下的常见应用与开发,并充分利用开源软件优势配置各类在线实验,满足多专业各层次学生的需求。本书共7章,各章内容如下。

第1章为概述。本章介绍计算工具的发展、计算机的分类及应用领域、计算环境及计算思维。实验包括 Windows/Linux 图形界面的桌面操作系统基本操作等实训,适用于零基础学生的实际练习。

第2章为信息表示与编码。本章介绍数制表示及转换,数值型、字符型、图像、声音、动画等各类信息的数据存储与表示,阐述不同平台中常用的编码格式。实验包括常用文本软件及图像处理软件的应用类实训,以及反映计算机内部编码特点的计算类、编程类实验。

第3章为计算机系统基础。本章介绍计算机的硬件与软件组成,理解冯·诺依曼体系结构,了解目前常用的微机硬件、软件的分类和知识产权。实验包括丰富的应用软件实例应用,满足学生论文排版、报告演示、图像处理等日常办公、交流的需要。

第4章为操作系统基础。本章从用户角度介绍了操作系统的分类、功能,重点是进程管理与文件管理,了解云计算的关键技术。实验包括 Windows 与 Linux 多平台的图形化、命令行方式的文件管理、进程管理等应用实践。

第5章为计算机网络与 Internet 应用。本章介绍网络的基本概念、常用的网络协议、配置与应用、网络安全等知识。实验包括网络的常用配置、检测、服务器搭建以及启动等多层次的实训,学生可以根据自己的专业和兴趣选择练习。

第6章为数据运算与程序设计基础。本章面向学习程序设计需求的学生,介绍数据类型、数据运算、算法、程序设计语言等,并且通过流行的 C++ 与 Python 高级语言完成简单的程序设计。实验以编程实践为主,同时介绍绘制流程图等软件开发常用工具与方法。

第 7 章为数据处理与数据库基础。本章详细介绍电子表格的数据处理与分析的重点知识、数据库的相关概念及 SQL 语句的基本应用、NoSQL 及主流 DBMS、大数据与人工智能的基本概念等。实验介绍开源 SQLite 的数据库创建，以及创建表对象、标准 SQL 查询等数据库操作，并通过 Python 编程实现了与 Excel 文件、数据库的数据处理、数据分析与可视化等应用。

本书实训内容与理论知识结合紧密，各章均附多个丰富的实训，可扫描二维码详细了解实训的操作过程。此外，基于头歌实践教学平台的在线"闯关式"自动评测任务可以满足各类读者的实训需求，提升读者的实际动手能力，方便师生及时掌握学习进度并进行学习效果评价。在线实训内容会不定期地更新与完善。附录介绍了在线实训平台的注册、登录和实验方法。

本书注重基础知识的系统性，突出计算机应用技能，加强计算思维引导。本书图文并茂、重点突出、通俗易懂、实用性强，符合工程教育认证的人才培养需求，既可作为高等院校本科生计算机基础通识课的教材，辅助开展 32~48 学时的线上线下混合式教学，也可作为零基础自学者计算机入门的参考读物。

本书由陈春丽编著，王振华对本书进行了审稿校对，教学团队成员王振华、高光大、刘传平等十几位教师对本书内容提出了许多宝贵的建议和意见，并集体审阅修订了本书的头歌在线实训任务与习题，头歌实践教学平台提供了在线实验平台，作者在此一并表示感谢。

由于编者水平有限，书中难免存在不足之处，敬请读者批评指正。作者的邮箱是 ccl@cugb.edu.cn。

中国地质大学(北京)
信息工程学院计算机基础教学部
陈春丽
2023 年 2 月

目　录

第 1 章　概述 ……………………………………………………………………………… 1

1.1　计算工具 ………………………………………………………………………… 1
1.1.1　早期计算史 ………………………………………………………………… 1
1.1.2　现代计算机的发展 ………………………………………………………… 3
1.1.3　新型计算机的发展 ………………………………………………………… 4
1.1.4　我国计算机的发展 ………………………………………………………… 5
1.2　计算机的分类及应用领域 ……………………………………………………… 6
1.2.1　计算机的分类 ……………………………………………………………… 6
1.2.2　计算机的应用领域 ………………………………………………………… 6
1.3　计算环境 ………………………………………………………………………… 7
1.4　计算思维基础 …………………………………………………………………… 8
1.4.1　科学思维与计算思维 ……………………………………………………… 8
1.4.2　计算思维的本质与内涵 …………………………………………………… 8
1.4.3　问题求解方法与计算思维思想 …………………………………………… 10
1.5　操作实验——Windows 操作系统的基本操作 ……………………………… 10
1.5.1　【实验 1-1】软件的基本操作 ……………………………………………… 11
1.5.2　【实验 1-2】文件资源管理器的基本操作 ………………………………… 12
1.5.3　【实验 1-3】常用的字符与组合键 ………………………………………… 14
1.5.4　【实验 1-4】文件压缩与解压缩 …………………………………………… 17
1.5.5　【实验 1-5】截图工具 ……………………………………………………… 17
1.6　头歌在线实训 1——桌面操作系统的基本操作 …………………………… 18
习题与思考 …………………………………………………………………………… 18

第 2 章　信息表示与编码 ………………………………………………………………… 19

2.1　数制的表示及转换 ……………………………………………………………… 19
2.1.1　数制的进制表示 …………………………………………………………… 19
2.1.2　数制间的转换 ……………………………………………………………… 20
2.1.3　计算机中的常用单位和量 ………………………………………………… 22
2.2　数值型数据的表示 ……………………………………………………………… 22
2.2.1　整数编码 …………………………………………………………………… 23
2.2.2　浮点数编码 ………………………………………………………………… 24
2.3　字符集与字符编码 ……………………………………………………………… 25

- 2.3.1 西文字符编码 25
- 2.3.2 汉字字符编码 27
- 2.3.3 Unicode 字符集编码 28
- 2.4 多媒体信息数字化 30
  - 2.4.1 图形与图像数字化 30
  - 2.4.2 声音数字化 32
  - 2.4.3 视频与动画数字化 33
- 2.5 操作实验——多媒体文件应用 34
  - 2.5.1 【实验 2-1】查看图像文件属性 34
  - 2.5.2 【实验 2-2】图像处理软件的基本应用 35
- 2.6 头歌在线实训 2——信息表示与编码 37
- 习题与思考 37

第 3 章 计算机系统基础 38

- 3.1 计算机系统的硬件组成 38
  - 3.1.1 冯·诺依曼体系结构 38
  - 3.1.2 内存储器 39
  - 3.1.3 CPU 与指令 39
- 3.2 微机硬件的基本组成 41
  - 3.2.1 主板 41
  - 3.2.2 总线 42
  - 3.2.3 微处理器与性能指标 42
  - 3.2.4 指令集体系结构 43
  - 3.2.5 多级存储结构 44
  - 3.2.6 输入输出设备 46
- 3.3 软件的分类 47
  - 3.3.1 系统软件 47
  - 3.3.2 应用软件 48
- 3.4 软件的运行环境 48
- 3.5 软件知识产权 49
  - 3.5.1 专有软件 49
  - 3.5.2 开源软件 49
- 3.6 操作实验——文字处理与报告演示 49
  - 3.6.1 【实验 3-1】格式与样式排版 50
  - 3.6.2 【实验 3-2】目录与页眉页脚设置 52
  - 3.6.3 【实验 3-3】题注和交叉引用 55
  - 3.6.4 【实验 3-4】批量制作证书 57
  - 3.6.5 【实验 3-5】报告演示 59
- 3.7 头歌在线实训 3——应用软件实例应用 60
- 习题与思考 61

第4章 操作系统基础 ·· 62

4.1 操作系统的分类 ·· 62
4.2 常用的操作系统 ·· 62
4.3 操作系统的功能 ·· 64
    4.3.1 进程管理 ·· 64
    4.3.2 内存管理 ·· 65
    4.3.3 文件管理 ·· 66
    4.3.4 设备管理 ·· 68
    4.3.5 用户接口 ·· 68
4.4 云计算与云操作系统 ·· 69
    4.4.1 云计算的关键技术 ··· 70
    4.4.2 云计算的应用领域 ··· 70
    4.4.3 云计算的分类与发展 ··· 70
4.5 操作实验——操作系统进阶 ·· 71
    4.5.1 【实验4-1】Windows 进程与线程管理 ················ 71
    4.5.2 【实验4-2】Windows 环境变量配置 ···················· 72
    4.5.3 【实验4-3】Linux 文件操作命令 ·························· 72
    4.5.4 【实验4-4】Linux 的软件管理与进程管理 ·········· 74
4.6 头歌在线实训4——Linux操作系统的常用命令及管理 ··· 75
习题与思考 ·· 75

第5章 计算机网络与Internet应用 ·· 77

5.1 计算机网络的基本概念 ·· 77
    5.1.1 网络的定义 ·· 77
    5.1.2 网络的分类 ·· 77
    5.1.3 网络设备 ·· 79
    5.1.4 网络协议与参考模型 ··· 80
5.2 典型的局域网与广域网 ·· 81
5.3 Internet网络设置 ··· 82
    5.3.1 TCP/IP协议 ·· 82
    5.3.2 IP协议与IP地址 ··· 83
    5.3.3 域名与DNS服务 ··· 85
    5.3.4 路由选择 ·· 86
5.4 Internet接入与应用 ·· 87
    5.4.1 常见的Internet接入 ··· 87
    5.4.2 邮件服务 ·· 88
    5.4.3 万维网服务 ·· 89
    5.4.4 HTML与XML语言 ··· 90
    5.4.5 远程访问 ·· 93

  5.4.6　Web 3.0 时代 94
 5.5　物联网简介 95
 5.6　网络安全 96
  5.6.1　计算机病毒及其防范 96
  5.6.2　网络信息安全属性 97
  5.6.3　网络安全防范措施 97
 5.7　操作实验——网络配置参数与连通性 98
  5.7.1　【实验 5-1】使用 ipconfig 命令查看网络配置参数 98
  5.7.2　【实验 5-2】使用 ping 命令查看网络连通性 98
 5.8　操作实验——WWW 服务器搭建 100
  5.8.1　【实验 5-3】IIS 配置网站 100
  5.8.2　【实验 5-4】Linux 安装与配置网站 101
 5.9　头歌在线实训 5——网络管理及网站基础 102
 习题与思考 103

第 6 章　数据运算与程序设计基础　104

 6.1　程序中的数据类型 104
  6.1.1　基本数据类型 104
  6.1.2　复杂数据类型 105
 6.2　计算机的基本数据运算 106
  6.2.1　逻辑运算 106
  6.2.2　移位运算 108
  6.2.3　算术运算 108
 6.3　算法简介 109
  6.3.1　算法的特点、分类与常用设计方法 109
  6.3.2　算法的描述 110
  6.3.3　算法的 3 种基本结构 111
 6.4　程序设计语言简介 112
  6.4.1　常用的高级语言 112
  6.4.2　编译型语言——C++语言基础 112
  6.4.3　解释型语言——Python 基础 119
 6.5　软件应用——绘制流程图 122
 6.6　头歌在线实训 6——数据运算与程序设计基础 124
 习题与思考 124

第 7 章　数据处理与数据库基础　125

 7.1　数据与数据处理概述 125
  7.1.1　数据与信息 125
  7.1.2　数据结构分类 125
  7.1.3　数据处理 125

7.2 电子表格的数据处理与分析 ··········· 126
7.2.1 数据存储——数据源表设计思维 ··········· 126
7.2.2 数据采集——表输入与导入数据 ··········· 127
7.2.3 数据处理——数据清洗与数据加工 ··········· 128
7.2.4 数据分析——排序、筛选、分类汇总 ··········· 131
7.2.5 数据分析进阶——数据透视图表 ··········· 133
7.2.6 数据可视化——图表思维与类型 ··········· 133
7.3 数据库概述 ··········· 134
7.3.1 数据库的基本概念 ··········· 134
7.3.2 数据管理技术的发展 ··········· 135
7.3.3 关系数据库模型 ··········· 136
7.3.4 NoSQL 数据库 ··········· 139
7.3.5 主流 RDBMS 简介 ··········· 140
7.4 数据库标准语言 SQL ··········· 141
7.4.1 SELECT 语句 ··········· 141
7.4.2 选择、投影与连接 ··········· 141
7.4.3 分类汇总 ··········· 143
7.5 大数据与人工智能简介 ··········· 144
7.5.1 大数据 ··········· 144
7.5.2 人工智能 ··········· 145
7.6 应用实例——创建与操作学生数据库 ··········· 146
7.6.1 SQLite 的软件下载与安装 ··········· 147
7.6.2 在命令行方式下创建数据库与表 ··········· 147
7.6.3 在数据库图形界面下创建学生数据库 ··········· 148
7.6.4 执行 SQL 语句查询学生数据库 ··········· 152
7.7 编程实验——Python 数据处理与可视化 ··········· 154
7.7.1 【实验 7-1】Python 读 Excel 文件 ··········· 154
7.7.2 【实验 7-2】Python 读数据库 ··········· 155
7.7.3 【实验 7-3】Python 数据预处理 ··········· 156
7.7.4 【实验 7-4】Python 数据可视化 ··········· 158
7.8 头歌在线实训 7——数据处理与数据库基础 ··········· 159
习题与思考 ··········· 159

参考文献 ··········· 161

附录 头歌在线实训帮助 ··········· 162

第1章 概　　述

本章简述计算机的发展历程,介绍计算机的分类、应用领域以及现代应用中的各种计算环境,讨论如何运用计算思维的理念和能力解决问题。

1.1 计算工具

俗话说:"工欲善其事,必先利其器。"人类要提高运算速度和精确度,必须借助于计算工具。计算工具的发展经历了手动式计算工具、机械式计算器、电子计算器与电子计算机的过程。

1.1.1 早期计算史

1. 手动式计算工具

古代计算工具种类多样,我国东汉时期的《数术记遗》中记载了 14 种算法,除了心算没有计算工具外,其他 13 种算法都有专门的计算工具。春秋战国时期算筹已被普遍使用,是中国古代用于计算和占卜的重要工具,是世界上最古老的计算工具。算筹创立了十进制记数法,这是古代中国在数学上的重要发明之一,数学家祖冲之计算圆周率时使用的工具就是算筹。算盘由算筹演变而来,采用十进制记数法并有一整套计算口诀,能够进行基本的算术运算,珠算规则易于编成口诀,这是最早的体系化算法。2013 年 12 月,联合国教科文组织保护非物质文化遗产政府间委员会正式将中国珠算项目列入教科文组织人类非物质文化遗产名录。

拓展阅读

中国古代的计算工具

2. 机械式与机电式计算器

1642 年,19 岁的法国数学家布莱士·帕斯卡(Blaise Pascal)发明了世界上第一台机械式计算工具——加法器,如图 1-1(a)所示。利用齿轮传动原理,通过手摇操作可进行加减运算。帕斯卡从加法器的成功中得出结论:人的某些思维过程与机械过程没有差别,因此可以设想用机械来模拟人的思维活动。1673 年,27 岁的德国数学家戈特弗里德·威廉·莱布尼茨(Gottfried Wilhelm Leibniz)在加法器基础上改进优化,研制出能进行四则运算的机械式计算器——莱布尼茨四则运算器,如图 1-1(b)所示。1832 年,41 岁的英国数学家查尔斯·巴贝奇(Charles Babbage)研制的分析机体现了可编程计算机的设计思想,被称为现代通用计算机的雏形。1886 年,26 岁的美国统计学家赫尔曼·霍勒瑞斯(Herman Hollerith)采用机电技术取代纯机械装置,研制出能自动计算和报表的制表机,参与了美国 1890 人口普查的大规模数据处理工作。1936 年,36 岁的美国哈佛大学应用数学教授霍华德·海撒威·艾肯(Howard Hathaway Aiken)研制的 Mark-I 部分采用继电器,1947 年研制的 Mark-Ⅱ 全部使用继电器。

 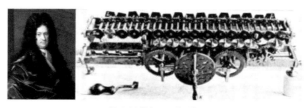

(a) 帕斯卡与加法器　　　　　　　　　(b) 莱布尼茨与四则运算器

图 1-1　帕斯卡的加法器与莱布尼茨的四则运算器

3. 电子计算机

随着电子技术的发展，计算机开始由机械方式向电子方式进化。现在人们所说的计算机（Computer）指的是电子数字计算机。图灵机与冯·诺依曼体系结构是现代电子计算机的理论基础。

英国科学家和逻辑学家阿兰·麦席森·图灵（Alan Mathison Turing）为了研究什么是计算、什么是可计算性问题，提出了图灵机（Turing Machine，TM）的概念，模型如图 1-2(a)所示，奠定了可计算理论基础。图灵的另一卓越贡献是提出了图灵测试的概念，如图 1-2(b)所示，回答了什么样的机器具有智能，因此图灵被称为"计算机科学之父""人工智能之父"。为了纪念图灵的贡献，美国计算机协会（Association for Computing Machinery，ACM）于 1966 年创立了"图灵奖"，这个奖项每年颁发给计算机科学领域的领衔研究人员，号称"计算机界的诺贝尔奖"。

拓展阅读
图灵机与图灵测试

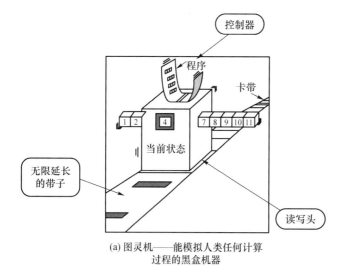 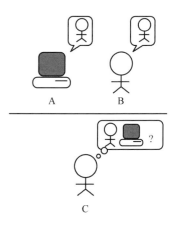

(a) 图灵机——能模拟人类任何计算　　　　(b) 图灵测试——通过表现判断是否
　　过程的黑盒机器　　　　　　　　　　　　　　具备人类一般的智能

图 1-2　图灵机与图灵测试理论

阿塔纳索夫-贝瑞计算机（Atanasoff-Berry Computer，ABC）是世界上第一台电子数字计算设备，由美国科学家阿塔纳索夫在 1937 年开始设计。它不可编程，仅设计用于求解线性方程组。1942 年阿塔纳索夫和助手贝瑞成功完成 ABC 的测试，是公认的计算机先驱。

1946 年 2 月，宾夕法尼亚大学在 ABC 思想基础上研制的电子数字积分计算机（Electronic Numerical Integrator And Computer，ENIAC）被认为是世界上第一台通用电子计算机。这台计算机由 18 000 多个电子管组成，占地 1 500 平方英尺，重 30 吨，每秒仅 5 000 次加减运算，但它标志电子计算机时代的到来。ENIAC 的缺点是没有存储器,每次编程都需要手工插线完成,如图 1-3(a)所示。

1945 年 6 月,普林斯顿大学数学教授约翰·冯·诺依曼(John Von Neumann)提出存储程序控制方案,并于 1952 年制造出第一台存储程序式通用电子计算机——离散变量自动电子计算机(Electronic Discrete Variable Automatic Computer,EDVAC),如图 1-3(b)所示,确立了现代计算机的结构。迄今为止,大部分计算机仍基本上采用冯·诺依曼结构。

(a) ENIAC

(b) 冯·诺依曼与EDVAC

图 1-3　世界上第一台通用电子计算机 ENIAC 与存储程序式通用电子计算机 EDVAC

1.1.2　现代计算机的发展

从 1946 年第一台电子计算机诞生至今,计算机由最初的计算工具逐步演变成适用于绝大多数领域的信息处理及生活必备工具,计算机的硬件技术与软件技术均有飞速发展。按照电子元器件的不同,一般将计算机的发展分为四代。

1. 第一代计算机(1946—1958 年)

第一代计算机采用电子管〔如图 1-4(a)所示〕,体积大、费用昂贵,每个电子管通过电压变化的导通与不导通状态对应 1 和 0,因此一台计算机需要由数量庞大的电子管组成。在软件上,程序是用机器语言编写的一组指令,每条指令与数据由 0 和 1 组成,例如,1+2 的机器语言如图 1-5(a)所示。不同计算机有自己的指令集,程序员必须记住每条指令的二进制数字组合,因此只有少数专业人员使用计算机编写程序,而且极易出错、不能移植。汇编语言采用助记符表示机器指令,如图 1-5(b)所示,MOV 表示传送,将一个值传送到指定内存地址中,ADD 表示求和,将两个数的累加和保存到指定内存地址中,这样编写指令比使用机器指令更容易一些。执行汇编程序时需要使用翻译软件将汇编语言翻译成机器语言。但是汇编语言同样与具体的机器有关,机器语言和汇编语言被称为低级语言。

(a) 电子管

(b) 晶体管

(c) 集成电路

(d) 大规模集成电路

图 1-4　四代电子元器件

```
10110000 00000010          MOV  AX, 2   ：将2放入累加器AX中              a=2+3;
00101100 00000011          ADD  AX, 3   ：将3与AX中值相加,结果写入AX
       (a) 机器语言              (b) 汇编语言                           (c) C语言
```

图 1-5　机器语言、汇编语言、高级语言 C 语言的对比

2. 第二代计算机(1959—1964 年)

第二代计算机采用晶体管[如图 1-4(b)所示],体积与功耗减小,费用降低,开始应用到中小企业。在软件上,出现了高级语言,高级语言接近自然语言和数学语言,形式如图 1-5(c)所示,"2+3"是数学求和表达式,"a=2+3"表示将和保存到名字 a 被分配的内存中。高级语言使得编程更加容易,编程任务和计算机指令分离,有更好的兼容性和移植性。高级语言通过翻译工具(一般称为编译器)翻译成机器语言,由于高级语言需要转换成相应设备的机器语言,运行效率比低级语言要低,因此在一些实时性要求高、代码大小有限制的领域仍然使用汇编语言。

3. 第三代计算机(1965—1970 年)

第三代计算机采用集成电路[如图 1-4(c)所示],进一步减小了计算机的体积和成本。大型计算机开始出现,应用领域日益扩大。软件业诞生,出现了一个特殊的程序——监控程序,后来它发展成为操作系统,被用来管理计算机硬件和软件资源,所有程序在操作系统上运行,实现对内存与输入输出等设备的管理。

4. 第四代计算机(1971 年及以后)

第四代计算机至今使用大规模和超大规模集成电路[如图 1-4(d)所示],集成度高、运算速度快,出现了微型计算机、单片机等。在软件上,20 世纪 70 年代出现了 C 语言等结构化程序设计语言、PC-DOS 等微机操作系统。20 世纪 80 年代出现了图像声音等多媒体技术处理程序,以及其他办公管理等多用途的应用程序。20 世纪 90 年代面向对象的程序设计方法逐渐代替了结构化程序设计,这便于开发更能反映现实世界的大型应用,出现了 C++、Java、C#等面向对象程序设计语言,微软(Microsoft)公司的 Windows 操作系统在微机市场中占有显著优势。随着互联网的普及应用,也出现了 HTML、JavaScript、PHP 等网页脚本语言与开发语言。

随着多媒体技术、分布式技术、人工智能等技术发展,计算机已被应用到各企业甚至个人工作和生活中,并不断地智能化、微型化。

1.1.3　新型计算机的发展

新一代计算机的研究目标是使计算机能够像人一样思维、推理、判断,逐渐接近人的思考方式。能够将信息采集、存储、处理、通信同人工智能结合在一起的智能计算机系统,又称第五代计算机系统。它不仅能进行数值计算或信息处理,更重要的是具有知识处理、语言处理、语义分析等能力,能够实现推理、学习、解释,帮助人们进行判断与决策,满足未来社会信息化的要求。

超级计算机(Super Computer)又称巨型计算机,指主要用于科学与工程计算应用的高性能计算机,有时泛指高性能计算机。超级计算机对促进经济与社会发展、保障国家安全发挥着不可替代的作用,很多国家的重大科学与工程领域的关键问题都需要超级计算机的强大计算能力才能解决。

拓展阅读

新型计算机

随着技术的创新和发展,一些采用新材料和新概念的计算机也陆续出现,如超导计算机、光子计算机、量子计算机等,有的已走出实验室进入应用领域,如搜索太空行星、预报天气等重点领域。

1.1.4 我国计算机的发展

1956年1月,党中央提出"向科学进军"的号召,并要求国家计划委员会等各部门制定《1956—1967年科学技术发展远景规划》,为我国科学事业的发展画出了轮廓,电子计算机被列为"四项紧急措施"之一。1958年,中国科学院计算技术研究所研制成功了我国第一台电子管数字电子计算机103机(DJS-1型计算机),如图1-6所示。1965年研制出我国第一台大型晶体管计算机109机,随后,北京大学、哈尔滨军事工程学院(国防科学技术大学的前身)等陆续自行研制出"北京一号""东风113"等电子计算机,并将其应用到各个领域,在国家"两弹一星"等重要科学工程领域中发挥了重要作用。

图1-6 我国的103机(DJS-1型计算机)

我国在超级计算机的研制上已处于国际领先水平。1983年,国防科技大学研制成功运算速度为每秒上亿次的银河-I巨型机,这是我国高速计算机研制的一个重要里程碑。2021年6月公布的全球超级计算机排行榜前10位中,中国超级计算机占两位,分别是神威·太湖之光(Sunway.TaihuLight)排名第4、天河二号(Tianhe-2A)排名第7。它们曾经分别位居2016年、2015年全球榜首,如图1-7所示。这些超级计算机已被应用到气象预报、医疗检测、城市交通等生活领域,工程仿真、数值模拟、新材料、航空航天等科学与工程领域,以及人工智能、深度学习、生物医药、基因工程、金融分析等新兴领域。

图1-7 神威·太湖之光与天河二号

在世界科技前沿重大挑战中,我国的量子计算机已实现算力全球领先。2017年5月3日,世界首台光量子计算机在中国诞生。2020年,中国科学技术大学成功构建76个光子的量子计算原型机"九章",半年后又研制了62比特可编程超导量子计算原型机"祖冲之号"。不久后升级到113个光子的"九章二代",完成了对用于演示"量子计算优越性"的高斯玻色取样任务的快速求解,比最快的超级计算机快亿亿亿倍(10^{24}倍)。"祖冲之二号"操控的超导比特数上升至66比特,这是"量子计算优越性"的里程碑,使我国成为目前世界上唯一在超导量子和光量子方面都具有"量子计算优越性"里程碑纪录的国家。

中国计算机的发展历程

1.2 计算机的分类及应用领域

1.2.1 计算机的分类

不同的应用有不同的设计需求,从计算机的运算速度、综合性能及用途来看,计算机分为微型计算机、嵌入式计算机、工作站、服务器、计算机集群、超级计算机等。

1. 微型计算机

微型计算机简称微机(Personal Computer,PC),又称个人计算机,俗称"电脑"。我国最早出现的微型计算机是 Apple II 微机及 IBM-PC。台式计算机、电脑一体机、笔记本计算机、平板电脑等都是微型计算机。此外,工作站是高档微型计算机。

2. 嵌入式计算机

嵌入式计算机(Embedded Computer)是在一块单板计算机上集成了硬件与软件的嵌入式系统。它是被嵌入其他设备中,完成某个特定的任务,实现对象智能化控制的专用计算机。嵌入式计算机应用领域广泛,如智能家电、智能手机、机器人、共享单车的智能锁、物联网前端设备等。

3. 工作站

工作站(Workstation)是介于微机与小型机之间的高档微型计算机。它通常配有高分辨率的大屏幕显示器和大容量的存储器,具有较强的信息处理、图像处理等功能。

4. 服务器

服务器(Server)是在网络中对外提供服务的计算机系统,如 Web 服务器、邮件服务器、数据库服务器、文件服务器等。与微机相比,服务器在稳定性、安全性等方面要求高,硬件要求也高。

5. 计算机集群

计算机集群(Computer Cluster)简称集群,是一种计算机系统,它通过将一组松散集成的计算机软件或硬件连接起来高度紧密地协作完成计算工作。在某种意义上,它可以被看作一台计算机。

6. 超级计算机

超级计算机也称为巨型机、高性能计算机(High Performance Computer,HPC),它的运算性能和规模处于所在时期最高端,多用于国家高科技领域和尖端技术研究。

1.2.2 计算机的应用领域

计算机的应用领域主要包括科学计算、数据处理、实时控制、计算机辅助技术、网络应用、人工智能等。

1. 科学计算

科学计算也称为数值计算,指应用计算机完成科学研究和工程技术中所遇到的数学计算,如在高能物理、工程设计、地震预测、气象预报、航天技术等方面进行的数学计算。

2. 数据处理

数据处理也称为非数值计算或信息处理,指对各种数据进行加工、存储、整理和利用等一系列活动,如在管理信息系统、办公自动化系统、决策支持系统等中进行的数据处理。

3. 实时控制

实时控制又称过程控制,指计算机及时采集检测数据,按最优值迅速对控制对象进行自动控制或者自动调节。

4. 计算机辅助技术

计算机辅助技术指以计算机为工具,辅助人在特定应用领域内完成任务的理论、方法和技术。

5. 网络应用

网络应用指基于计算机网络的数据传输、资源共享与协同等工作。目前新型的计算模式——云计算是以网络化的方式组织和聚合计算与通信资源,以虚拟化的方式为用户提供可缩减或扩展规模的资源服务。

6. 人工智能

人工智能指计算机模拟人类的智能活动,如感知、判断、理解、学习、问题求解和识别等。

1.3 计算环境

随着计算机技术的发展,计算环境的演变经历了若干阶段。

1. 集中计算环境

20世纪50年代,每个终端一般只有键盘和显示器,所有计算功能和软件数据都集中在一台机器里,多人可分时共用一台计算机,如图1-8(a)所示,各个主机之间的数据、功能很难共享和相互调用。

2. 个人计算环境

随着微机的出现,计算环境进入个人计算机时代。集中计算环境转入分散计算环境,每个人可在个人计算机上完成计算和交互任务,如图1-8(b)所示。

3. 互联网计算环境

20世纪80年代,通过局域网相互连接的计算设备构成客户/服务器计算环境,计算资源和数据资源被保存到服务器上,满足网络内的多个客户同时访问和计算的需求。随着互联网和个人计算机的普及,计算环境的发展进入互联网时代,实现世界范围内的资源共享和协同工作,如图1-8(c)所示。

为了满足更高的可伸缩性需求,多层架构出现,数据和计算功能分布多样化,分布在多台计算机上,中间件迅速发展,开始出现分布式对象、组件和接口等概念,用于在计算环境中更好地分割运算逻辑和数据资源。这种交互通常是位置透明的。

4. 云计算环境

云计算(Cloud Computing)是基于互联网的超级计算模式,它把存储于个人与其他设备的信息和处理器资源集中在一起,协同工作,满足用户的服务需求,如图1-8(d)所示。这是一个基于标准、开放的互联网技术，以服务为中心的计算环境。随着 Internet 的发展，开放和标准的网络协议被普遍支持，所有底层计算平台都支持这些标准和协议，数据和功能的表示与交互在 XML、Web Service 技术与标准的基础上，保证了通用性和最大的交互能力。使用者通过明确定义的接口来与一个服务交互。

图 1-8　计算环境

1.4　计算思维基础

计算思维代表着一种普遍的认识，应该像阅读、写作与数学一样称为每个人的基本技能，而不仅仅局限于计算机科学。

1.4.1　科学思维与计算思维

科学研究的三大方法是理论、实验和计算，对应的科学思维分为逻辑思维、实证思维和计算思维。

1. 逻辑思维

逻辑思维（Logical Thinking，LT）又称理论思维，指通过抽象概括，建立描述事物本质的概念，应用逻辑方法探寻概念之间联系的一种思维方法。它以推理和演绎为特征，以数学学科为代表。

2. 实证思维

实证思维（Positivism Thinking）又称经验思维，指通过观察和实验总结自然规律的一种思维方法。它以实证和实验来检验结论正确性为特征，以物理学科为代表。

3. 计算思维

计算思维（Computational Thinking）又称构造思维，指通过算法过程的构造和实施来解决问题的一种思维方法。它以设计和构造为特征，以计算机学科为代表，是科学、技术、工程和数学（Science & Technology & Engineering & Mathematics，STEM）的融合体。

计算思维是运用计算机科学的基础概念进行问题求解、系统设计以及人类行为理解等涵盖计算机科学广度的一系列思维活动。举例来说，学生每天的任务表就是一个顺序结构，从起床、吃饭、进教室到下课等，逐项完成任务。学生每天按课表规定的时间走进不同的教室学习，这是一个分支结构。学生每周重复上一周的学习任务，这是一个循环结构。学生每天合理规划时间，实现最有效的学习与生活，可以使用动态规划算法或者贪心算法等来求最优解。

1.4.2　计算思维的本质与内涵

1. 计算思维的本质

计算思维的本质是抽象（Abstraction）和自动化（Automation）。

抽象是指在解决问题时过滤掉不必要的细节,抽取共同、本质性的必要特征,将问题抽象成合适的"数学模型"。自动化是计算在计算机系统中运行过程的表现形式,通过迭代、递归等算法实现自动执行计算来模拟和解决抽象问题。

2. 计算思维的内涵

研究计算思维的基本问题是要了解哪些问题是可计算或不可计算的,以及计算的复杂度如何度量。

1) 可计算性

一个问题是可计算的,是指可以利用计算机在有限的步骤内解决问题。图灵机是目前计算机采用的计算模型,图灵模型包括 4 个要素:输入(I)、输出(O)、程序(P)和数据(D),实现的是有限的、确定性的计算。在计算机领域,图灵机能实现的称为可计算的问题,否则称为不可计算的问题。因此,所谓的计算思维,本质就是如何将现实问题转换成可计算的问题,再提交计算机执行计算。

2) 计算复杂度

计算复杂度是指用计算机求解问题的复杂程度,通常用时间复杂度和空间复杂度来衡量。理论上可以计算的问题,如果超出人类可接受的等待范围,那么也是不可行的。

以著名的汉诺塔问题为例。有 3 根柱子分别记为 A 柱、B 柱、C 柱,起始时 A 柱上有 n 个圆盘,从上到下编号为 0 到 $n-1$,且上面的圆盘要比下面的圆盘小。将圆盘移动到其他柱子时必须保证柱子上的圆盘编号依然是从小到大,并且每次只能移动一个圆盘,那么将 A 柱上的圆盘全部移动到 C 柱上并且保持有序最少需要移动多少次?

设移动 n 个圆盘的最少次数为 $f(n)$,则当 $n=1$ 时,$f(1)=1$,即将 A 柱上的圆盘放到 C 柱上。当 $n=2$ 时 $f(2)=3$,首先将 A 柱顶部最小的圆盘放到 B 柱上,然后将 A 柱上第二个圆盘放到 C 柱上,最后将 B 柱上的圆盘放到 C 柱上。当 $n=3$ 时 $f(3)=7$,至少要 7 次完成,如图 1-9 所示。依此类推,$f(n)=2^n-1$,时间复杂度记为 $O(2^n)$。

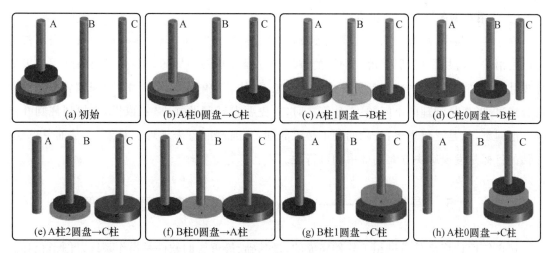

图 1-9 汉诺塔游戏 3 层圆盘移动过程示例

汉诺塔问题实际上是一个递归问题,要将 3 个圆盘从 A 柱移动到 C 柱并保持有序,只要将 2 个圆盘移动到 B 柱,将 1 个圆盘移动到 C 柱后,再将 B 柱上的 2 个圆盘移动到 C 柱,所以移动次数 $f(n)=2f(n-1)+1$。也可通过公式推导获得:

$$f(n)=2^n-1=2^{n-1+1}-1=2\times 2^{n-1}-1=2\times(2^{n-1}-1)+1=2f(n-1)+1$$

以 C++ 语言为例,编写程序实现计算汉诺塔移动次数的递归过程,如图 1-10 所示。

```
int f(int n)
{
    if(n == 1)
        return 1;
    else
        return 2*f(n - 1) + 1;
}
```

```
#include <iostream>
using namespace std;
int f(int n);
int main()
{
    int n;
    cin >> n;
    cout << f(n);
    return 0;
}
```

运行程序:
输入3,输出7
输入10,输出1 023
C++的int型的最大值是$2^{31}-1$,本示例程序能计算的最大输入值是31,当输入值超过31时结果为-1,要改为更大的数据类型保存次数

图 1-10 用 C++ 语言编写程序计算 n 个圆盘的汉诺塔移动次数

当 $n=64$ 时需要移动 $2^{64}-1$,假如每秒移动一次,则需要移动 5 845.42 亿年以上。因此,当 n 的值过大时,$O(2^n)$ 问题是无法计算的。

1.4.3 问题求解方法与计算思维思想

解决工程问题主要包括以下几个步骤。

① 清晰地陈述问题。

② 描述问题的输入和输出信息。

③ 设计必要的算法解决问题。

④ 使用一种计算机语言来解决问题。

⑤ 使用数据测试评估解决方案。

在这些步骤中,只有④的具体实现涉及计算机语言,如 C、C++、Java 等。每种语言都有自己的语法和应用领域,但是解决问题的方法和过程基本是一样的。解决问题的过程中处处体现计算思维的思想,主要包括分解、泛化、抽象、评估。理解问题时采用分解思想将复杂问题拆分成更小、更易管理的小问题;设计算法时,首先要发现问题规则,提取模式,找到规则并解决一般问题,这是泛化思想;去除问题不必要的细节,通过抽象表示现实对象,这是抽象思想;评估的目标是发现解决方案的效率和可行性。

1.5 操作实验——Windows 操作系统的基本操作

用户使用计算机是通过相关软件完成的,最基础、最重要的软件是操作系统。图形化界面的操作系统一般会自带一些常用软件,如记事本、画笔、截图工具、命令终端等,用户一般会安装如 Microsoft Word 或 WPS 等办公软件,以及音乐、影视等多媒体软件。软件安装后会将软件名称加入开始菜单,也可在桌面创建快捷方式,方便用户查找和打开。

本节以 Windows10 操作系统为例,介绍一些最常见的基本操作。其他操作系统界面略有不同。

1.5.1 【实验 1-1】软件的基本操作

1. 软件的打开与关闭

1）软件的打开

（1）菜单

单击屏幕左下角的 Windows 徽标（开始）或按下键盘上的 Windows 徽标键，在弹出的"开始"菜单中寻找已安装的软件，软件名称按字母顺序排序，找到后单击打开软件。如"Windows 附件"中的记事本、画图、截图工具，"Windows 系统"中的"命令提示符"等都可以在"开始"菜单中打开。

（2）搜索栏

单击屏幕左下角的放大镜图标（搜索），在弹出框中输入要搜索的内容，如"记事本"或"notepad"、"画图"或"paint"、"截图工具"或"snippingtool"、"命令提示符"或"cmd"。

（3）运行框

按键盘上的组合键"Windows 徽标键＋R 键"弹出运行框，输入软件名称，如"notepad""paint""snippingtool""cmd"，单击"确定"按钮打开软件。

2）软件的关闭

单击软件右上角的"×"按钮即可关闭软件。一般在关闭前应保存文件。

2. 软件的安装与卸载

1）应用软件的安装

Windows 软件安装包下载后一般是扩展名为 exe、msi、bat 等的可执行文件，如果是压缩包文件，解压后要找到可执行文件，双击该文件会启动图形安装界面，引导用户逐步完成安装，安装选项主要包括用户协议、安装目录、安装组件、程序名等。

【例 1-1】 安装 WPS 软件。

首先到官网 https://www.wps.cn/product 选择 Windows 版的"WPS Office"版本，下载到本地，文件名类似为 WPS_Setup_＊＊＊.exe。双击后显示安装向导界面，依次完成以下 5 个动作。

① 勾选"已阅读并同意金山办公软件许可协议与隐私政策"复选框，如图 1-11(a)所示。

② 单击自定义设置，展开图 1-11(b)所示的界面。

(a) WPS安装——协议

(b) WPS安装——自定义设置

图 1-11 安装 WPS Office 软件

③ 选择要安装的组件，可保持全选或取消不安装的组件。
④ 单击"浏览"可修改软件安装位置。
⑤ 单击"立即安装"按钮开始安装。

2）应用软件的卸载

软件安装到指定目录后，还会修改操作系统配置文件，因此卸载不是简单地删除目录和文件。

【例 1-2】 卸载 WPS 软件。

方法一：在 Windows10 中单击启动菜单中的"设置"，在"应用和功能"窗口中搜索"wps"，如图 1-12(a)所示，单击找到 WPS 应用下的"卸载"按钮卸载软件。

方法二：在屏幕左下角的放大镜图标 🔍（搜索）框中输入"控制面板（Control Panel）"，在打开的控制面板窗体中单击"添加或删除程序"打开"程序和功能"窗口，搜索找到软件，单击软件名称后上方出现"卸载/更改"按钮，如图 1-12(b)所示，按向导完成卸载。

(a) "设置"→"应用和功能"卸载WPS

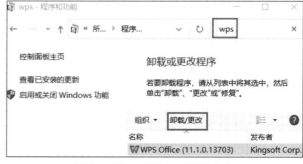
(b) "控制面板"→"程序和功能"卸载WPS

图 1-12 卸载 WPS 软件

3）桌面的快捷方式

快捷方式是 Windows 提供的一种快速启动程序、打开文件或文件夹的方法。"开始"中的菜单、桌面及任务栏的图标都是快捷方式。右击桌面上的图标，在弹出的快捷菜单中选择"属性"，在目标文本框中能够看到快捷方式对应的目标文件路径。如果删除了目标文件，则快捷方式失去作用。

如果删除了快捷方式，也可以新建快捷方式。右击目标文件，在弹出的快捷菜单中选择"发送到"→"桌面快捷方式"选项。注意，在 Windows11 操作系统中，要单击"显示更多"选项找到发送到桌面快捷方式选项。

1.5.2 【实验 1-2】文件资源管理器的基本操作

文件资源管理器又称"我的电脑"，是 Windows 中浏览与管理文件的窗口。打开文件资源管理器，双击进入文件夹，可查看文件夹中所有文件及子文件夹的名称、大小、创建时间与类型等基本信息。

1. 文件查看窗口

文件资源管理器的界面可按个人喜好自行布局。切换到"查看"属性页，如图 1-13 所示，修改显示文件布局方式，如在"详细信息"布局方式下可浏览文件名、文件大小、文件类型、创建时间等列。单击"排序方式"下的三角形打开下拉菜单，可选按名称、日期、大小等方式排序。

如果要显示所有隐藏文件,则勾选"显示/隐藏"中的相应选项。

图 1-13　在 Windows10 文件资源管理器(我的电脑)中查看文件布局与排序

单击"选项"按钮可进行高级设置,如显示已知文件的扩展名等,并应用到全部文件夹。

【例 1-3】　显示或隐藏已知文件类型的扩展名。

文件扩展名也称为文件后缀,操作系统用它来表示文件类型,并根据文件类型来决定打开文件的程序。如 INI(Initialization)文件扩展名为 ini,常用于操作系统或程序的参数设置,可用文本编辑器打开。

打开文件资源管理器,双击"此电脑"C 盘→Windows 目录,单击"查看"属性页→布局中的"详细信息"按钮,排序方式选择"类型"。用鼠标拖曳右边的滚动条,移动到类型为 INI 文件处,观察类型为"INI 文件"的文件名,此时默认不显示已知类型 INI、DAT 文件的扩展名,如图 1-14(a)所示。

(a) 隐藏已知文件类型如INI的扩展名　　　　(b) 显示已知文件类型如INI的扩展名

图 1-14　显示或隐藏常用文件的扩展名

单击"查看"属性页的"选项"按钮,在弹出的对话框中单击"查看"属性页,在"高级选项"中取消勾选"隐藏已知文件类型的扩展名"复选框,如图 1-15 所示。单击"确定"按钮关闭对话框后,观察类型为"INI 文件"的扩展名出现了 ini,类型为"DAT 文件"的扩展名出现了 dat,如图 1-14(b)所示。

2. 文件的复制移动与删除

1) 剪贴板

剪贴板(Clipboard)是一种暂存数据以便在多个进程之间共享这些数据的操作系统对象,通过剪切、复制和粘贴操作来处理该对象中的数据。

2) 复制与移动

复制与移动的操作基本相同。选中一个或多个文件,右击弹出快捷菜单,选择"复制"将文件复制到剪贴板,选择"剪切"将文件移动到剪贴板。选中文件后也可按组合键"Ctrl+C"或"Ctrl+X"。

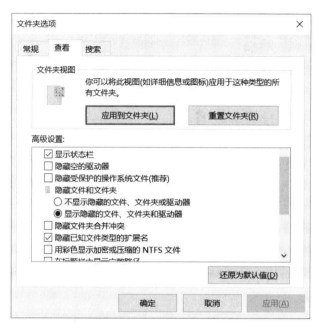

图 1-15 "文件夹选项"对话框

再到目标位置区域,在右键弹出的快捷菜单中选择"粘贴"选项或按组合键"Ctrl+V",将剪贴板的内容复制到目标位置。

3) 删除

删除文件时可在选中文件后按"Delete"键,或在右键弹出的快捷菜单中选择"删除"选项,此时文件移动到 Windows 的"回收站"中,双击桌面的"回收站"图标可看到并可选择还原删除的文件。如果要彻底删除,可在删除时按组合键"Shift+Delete",这样删除后的文件无法恢复,需要通过第三方工具等技术手段还原。

4) 选中多个文件

选中多个连续文件的方法:单击第一个文件,按住"Shift"键,单击最后一个文件。

选中多个不连续文件的方法:单击第一个文件,按住"Ctrl"键,单击下一个文件,直到最后一个文件。

【例 1-4】 将 C:\Windows\ 中所有 INI 类型文件复制到 C:\ini 文件夹中。

打开文件资源管理器,双击"此电脑"C 盘→Windows 目录,选中所有文件类型为 INI 的文件,右击,在弹出的快捷菜单中选择"复制"选项或按"Ctrl+C"组合键,然后切换到 C 盘根目录下,右击,在弹出的快捷菜单中选择"新建文件夹"选项,为其取名 ini。进入 ini 文件夹后,右击,在弹出的快捷菜单中选择"粘贴"选项或按"Ctrl+V"组合键,完成文件复制。

1.5.3 【实验 1-3】常用的字符与组合键

1. 指法基本练习

将十指放在键盘中间的基本键位上:左手食指放在"F"键,右手食指放在"J"键,其余手指分别放在基准键左侧或右侧相应的键位上。平行向上或下移动时,依次用每个手指去敲击所分管的键符,如左手食指负责 F/R/V,

拓展阅读

计算机键盘及按键

左手小指负责 A/Q/Z 等,每击完一个键后,手指回到基本键位。

【例 1-5】 新建一个记事本文件,依次输入下面的五行文字,保存到 C:\Temp\a.txt。

ASDFGQWERTZXCVB！@♯＄％~   (右手按 Shift+左手按各键)
~&*()_+{}|:"<>?   (左手按 Shift+右手按各键)
                                                    (Enter 回车换行)
HJKLYUIOPNM   (左手按 Shift+右手按各键)
！@♯S％~   (从第一行复制)

在记事本中输入的五行文字如图 1-16(a)所示,保存文件到 C:\Temp\a.txt,如图 1-16(b)所示。

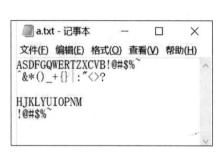 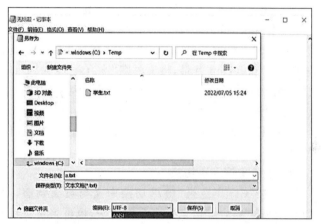

(a) 在记事本中输入的5行文字   (b) 保存记事本文件到C盘Temp目录中,取名为a.txt

图 1-16　新建记事本文件并保存到 C 盘 Temp 文件夹中

1)"Shift"键

主键盘左右两边均有"Shift"键,西文状态下与其他键组合完成下面 4 行输入(按下"Shift"键不动,再按其他键,此时若按字母键就输入大写字母,若按其他键则输入该键上边的字符)。

① 用右手小指按住右边的"Shift"键,左手按数字"12345"和"1"左边的"~"键,依次输入！@♯＄％~。

② 用左手小指按住左边的"Shift"键,右手按数字"67890"和"-=[]\;',./"键,依次输入~&*()_+{}|:"<>?。

③ 用右手小指按右边的"Shift"键,左手按字母键,依次输入 ASDFGQWERTZXCVB。

④ 用左手小指按住左边的"Shift"键,右手按字母键,依次输入 HJKLYUIOPNM。

2)其他组合键

同时按住多个键称为组合键。以下组合键适用于大多数的应用软件。

① Ctrl+C:复制。选中一段内容,如第一行"！@♯＄％~",按"Ctrl+C"组合键(左小指按住"Ctrl"键,左食指按"C"键,下同),选中的内容会被复制到剪贴板中。

② Ctrl+V:粘贴。选中文本最后一行空行,按"Ctrl+V"组合键,会看到光标所在处出现"！@♯＄％~"。

③ Ctrl+X:剪切。选中一段内容,如第三行"ASDFGQWERTZXCVB",按"Ctrl+X"组合键,被选中的文字消失,同时被保存到剪贴板中;将光标移动到文本第一行行首,再按"Ctrl+V"组合键,完成文本的移动。

④ Ctrl+S:保存。等价于单击菜单中"文件"的"保存"按钮。第一次保存文件时会弹出对话框,要求输入文件保存路径和文件名,第二次保存时自动覆盖上一次保存的文件。

⑤ Ctrl+A:全选。选中当前窗口的所有内容。

3) 其他键位

① "Tab"键:跳格键(Tabulator)。在文字处理软件中输入文字时,按"Tab"键得到的是制表位(符),显示为→标记,距离是下一个 8 位字符的位置(前面单词+"Tab"键宽度是 8 的倍数)。在表格处理或填写表单页面时,按"Tab"键可切换到下一个焦点。按"Alt+Tab"组合键可在多个窗口之间切换,按"Ctrl+Tab"组合键可在一个程序内如浏览器的多个标签之间切换。

② "Esc"键:退出键(Escape)。退出当前程序的处理,例如,在输入内容中按"Esc"键表示中止当前输入内容,全屏显示时按"Esc"键可退出全屏等。

4) 保存文件

按"Ctrl+S"组合键或单击"文件"属性页"保存"按钮,在弹出的对话框中单击顶部下拉菜单,选择 C 盘 Temp 目录,将文件名"*.txt"改为"a.txt",注意默认的文件类型是"ANSI",如果要跨平台兼容使用文件,可选择"编码"下拉菜单中的"UTF-8"选项,如图 1-16(b)所示。

2．输入法

以拼音为基础的多种输入法是常见的输入法,还有笔画法、五笔法等。以下以"搜狗输入法"为例,介绍常用的操作。

1) 中西文输入法切换

默认按"Ctrl+空格"键可切换中文与英文状态,也可单击状态栏的中/英图标切换。按"Ctrl+Shift"组合键可切换多个输入法,也可自定义快捷键。

2) 简体与繁体中文切换

右击输入法图标"中",在弹出的菜单中可选择"简体"或"繁体"。

3) 半角与全角切换

默认西文状态下的字符是半角输入方式。半角指一个字符占用一个标准字符的位置,一个汉字宽度与两个半角字符宽度相同。全角指一个字符占用两个标准字符的位置,一个汉字宽度与一个全角字符宽度相同。默认切换键是"Shift+空格"键。状态栏的输入法显示月牙形状表示半角,单击变为满月形状表示全角。在西文状态下,右击输入法图标"中"字,在弹出的菜单中可选择"全半角切换"。

4) 详细输入法设置

按键盘上的 Windows 徽标键⊞和"I"键打开 Windows 设置窗口,单击"时间和语言",选择窗口左边的"语言",可设置首选语言、添加各国语言、设置键盘按键选项等,如图 1-17 所示。

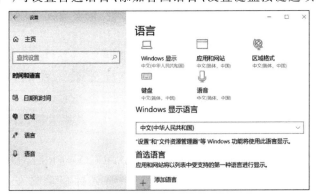

图 1-17　设置语言

1.5.4 【实验1-4】文件压缩与解压缩

如果文件后缀名是.zip、.rar、.7z、.gz等，表示这是压缩文件，需要使用压缩软件解压缩还原成原始文件，对应的常用软件有Bandizip、WinRAR、7-Zip等。.zip文件兼容性好，在任何设备和软件上都能直接解压缩，是比较通用的压缩文件类型。

7-Zip软件是一款免费适用Windows各版本的开源软件，能识别各种压缩文件格式，软件小巧，约1MB。官网网址为https://www.7-zip.org/，下载合适版本后运行exe可执行文件，单击"…"按钮选择安装目录完成安装。

1. 解压缩

选中要解压缩的文件，右击，弹出快捷菜单，如图1-18所示，选择"7-Zip"→"提取到当前位置"选项，结束后会出现一个解压缩的全部文件和文件夹。也可以选择级联菜单中的"提取文件"选项，自定义还原文件的路径。

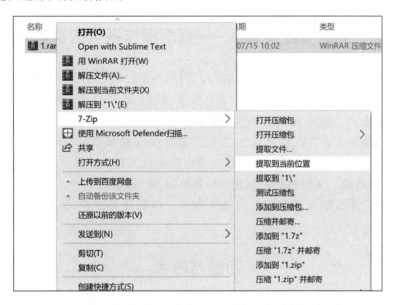

图1-18 右键弹出快捷菜单中"7-Zip"的压缩与解压缩选项

2. 压缩

选中要压缩的所有文件，右击，弹出快捷菜单，如图1-18所示，选择"7-Zip"级联菜单中的压缩选项，如"添加到'1.7z'"或"添加到'1.zip'"等。

1.5.5 【实验1-5】截图工具

Windows10自带的截屏方法与工具主要有3种，另外还可以使用第三方软件截图。

1. 全屏截图

单击键盘的"PrintScreen(PrtSc)"键，完整屏幕被截图并保存到剪贴板中。打开附件的"画图"软件，或已安装的Word、PPT等软件，按"Ctrl＋V"组合键将截图粘贴到软件中，再保存或进一步裁剪。

2. 活动窗口截图

屏幕上打开的多个窗口中只有一个是当前的工作窗口，标题栏的颜色与其他窗口颜色不同的窗口是活动窗口。按"Alt+PrintScreen(PtrSc)"组合键将活动窗口截图保存到剪贴板中,再粘贴到其他软件中保存或进一步裁剪。

3. 区域截图

打开 Windows 附件中的"截图工具",单击"新建"菜单,鼠标指针划过要截图的区域,即可截取任意大小的区域到新窗口中,还可以进一步标记和保存。修改模式菜单,也可以使用任意形状截图。此外,按"Windows 徽标键+Shift+S"组合键也可完成区域截图或任意形状截图。

4. 第三方软件

QQ、微信、搜狗输入法的智能输入法等常用第三方软件均有截图功能。

Snipaste 工具是一款开源免费高效的超级截图工具,它提供强大的截图、贴图、图片标注等功能,适用于 Windows、Mac、Linux 等多平台,文件小巧,解压缩后可以直接使用,操作简单方便,是比较实用的截图工具,下载网址为 https://zh.snipaste.com/download.html,读者可自行安装与练习。

1.6 头歌在线实训 1——桌面操作系统的基本操作

【实验简介】银河麒麟操作系统基于 Linux 内核,目前已经被广泛应用于国防、军工、政务、电力、航天、金融、电信、教育、大中型企业等行业或领域。本实验基于银河麒麟桌面操作系统 v10,图形化界面类似于 Windows7。

【实验任务】登录头歌实践教学平台,完成实验"Linux 操作系统——图形化窗口的基本操作"。实验包括多关,每一关可以单独完成,也可一次性完成,全部完成则通关。实验截止之前允许反复练习,取最高分。

头歌实践教学平台的登录与实验方法见附录。实验任务及相关知识见二维码。

拓展阅读

第 1 章
在线实训任务

习题与思考

1. 计算机的发展经历了哪几个阶段?各阶段的主要特征是什么?
2. 计算机一般有哪些类型?结合你的学习和生活,说说你使用过哪些计算机。
3. 什么是可计算性?请列举不可计算的问题。
4. 结合你的生活经历,说说你使用计算机完成的实际应用。
5. 什么是计算思维?计算思维的本质是什么?
6. 根据你的设备(计算机、手机、PAD 等),找到任意一款支持 C++编译的软件,到相应的官网下载并查阅资料,完成软件的安装和基本配置。

第 2 章　信息表示与编码

信息(Information)指以适合通信、存储或处理的形式来表示的知识或消息。同样的信息可以采用不同形式的数据表达,包括数学计算中的整数、实数,也包括中西文各国字符和语言,以及各种类型的文档、图像、声音、视频等。任何信息都是以 0 和 1 组成的二进制编码形式在计算机内部存储,它能够以合适的规则工作,并且以合适的形式显示给用户。本章学习各种数值、字符以及多媒体信息在计算机中存储与表示的编码规则。

2.1　数制的表示及转换

数的概念和计数规则的发展都是人类长期实践活动的结果。中国是世界文明古国之一,早在五六千年前就有了数学符号,甲骨文中有一到十到百、千、万的 13 个计数单位。我国古代太极的两仪四象八卦均充满着古人的智慧。中国的成语"屈指可数""掐指一算""半斤八两"都有进制的概念。提出二进制的德国数学家莱布尼茨发现中国《易经》的六十四卦就是 0~63 的二进制写法。

2.1.1　数制的进制表示

在日常生活中,我们使用十进制(Decimal)表示与计算数值,即用 0,1,2,3,4,5,6,7,8,9 共 10 个数符表示,数符在数据中的位置不同则代表的数值大小也不同,如十进制的 123.12 由各个数符代表的数值为

$$123.12=1\times10^2+2\times10^1+3\times10^0+1\times10^{-1}+2\times10^{-2}$$

在十进制数制系统中,10 为基数,10^i 表示第 $i(i=0,1,2,\cdots)$ 位的权值。

在电子技术中,要找到具有 10 种稳定状态的元件来对应十进制的 10 个数是困难的,使用 0、1 两个数字符号表示信息,在物理上容易实现(如开关有两个状态),运算规则比较简单而且运算速度快,因此计算机中存储数据使用二进制(Binary)。二进制有 0 和 1 两个数符,基数为 2,2^i 表示第 $i(i=0,1,2,\cdots)$ 位的权值。例如,二进制

$$1001=1\times2^3+0\times2^2+0\times2^1+1\times2^0=8+1=9$$

本书中的数字默认是十进制的,其他进制会用括号标注并在括号后有文字说明,如(1001)$_2$ 表示二进制 1001。

在表达上,二进制有致命的弱点——书写特别冗长。为了解决这个问题,在计算机的理论和应用中还使用两种辅助的进位制:八进制(Octal)和十六进制(Hexadecimal)。八进制的数符为 0,1,2,3,4,5,6,7,十六进制的数符为 0,1,2,3,4,5,6,7,8,9,A,B,C,D,E,F。无论哪个进制,在表示上都具有通用性。人们在生产实践和日常生活中创造了多种表示数的方法,这些数的表示规则称为数制。一个 R 进制的数制系统共有 R 个数符(称为基数),用 R^i 表示第 i 位的权值,按权展开求和即可得到十进制整数值。例如,(100)$_8=1\times8^2+0\times8^1+0\times8^0=(64)_{10}$。数学

运算规则是"逢R进一,借一当R"。

常用的数制及其规则如表2-1所示。

表2-1 常用的数制及其规则

数制	基数	加法进位规则	数符	第i位权值	数制符号
十进制	10	逢十进一	0,1,2,3,4,5,6,7,8,9	10^i	D(Decimal)
二进制	2	逢二进一	0,1	2^i	B(Binary)
八进制	8	逢八进一	0,1,2,3,4,5,6,7	8^i	O(Octal)
十六进制	16	逢十六进一	0,1,2,3,4,5,6,7,8,9,A,B,C,D,E,F	16^i	H(Hexadecimal)
R进制	R	逢R进一	$0,1,2,3,\cdots,R-1$	R^i	

十进制整数0~17与二进制、八进制、十六进制整数之间的关系如表2-2所示。从表2-2可以看出,每3位二进制对应一个八进制整数,每4位二进制对应一个十六进制整数。

表2-2 各个数制之间的关系

十进制	二进制	八进制	十六进制	十进制	二进制	八进制	十六进制
0	0	0	0	9	1001	11	9
1	1	1	1	10	1010	12	A
2	10	2	2	11	1011	13	B
3	11	3	3	12	1100	14	C
4	100	4	4	13	1101	15	D
5	101	5	5	14	1110	16	E
6	110	6	6	15	1111	17	F
7	111	7	7	16	10000	20	10
8	1000	10	8	17	10001	21	11

2.1.2 数制间的转换

1. R进制数转换为十进制数

采用按权展开法,计算每个数值乘以权值的和,就是实际的十进制数。

【例2-1】 将$(110.101)_2$、$(304.6)_8$、$(5CA)_{16}$转换成十进制数。

R进制转换为十进制的方法是对每个数符乘以权值再求和。

$$(110.101)_2 = 1\times 2^2 + 1\times 2^1 + 0\times 2^0 + 1\times 2^{-1} + 0\times 2^{-2} + 1\times 2^{-3}$$
$$= 4+2+0.5+0.125 = (6.625)_{10}$$
$$(304.6)_8 = 3\times 8^2 + 0\times 8^1 + 4\times 8^0 + 6\times 8^{-1} = 192+4+0.75 = (196.75)_{10}$$
$$(1CA)_{16} = 1\times 16^2 + 12\times 16^1 + 10\times 16^0 = 256+192+10 = (458)_{10}$$

2. 十进制数转换为R进制数

转换分为两部分:整数部分采用除以R倒取余法,小数部分采用乘以R正取整法。有些小数部分可能无法精确转换成二进制小数,精确到指定位数即可。

【例2-2】 将十进制数215.6875、100.345分别转换为二进制。

用除以 2 倒取余法求出整数部分,用乘以 2 正取整法求出小数部分,计算 215.6875 的过程如图 2-1 所示。

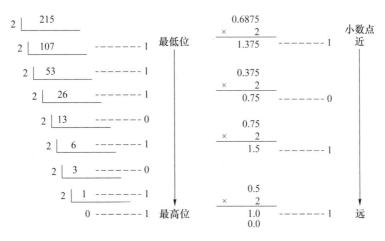

图 2-1　将十进制数 215.6875 转换为二进制

215=(11010111)2,0.6875=(0.1011)2,因此 215.6875=(11010111.1011)2。

类似的,计算得出 100.345≈(1100100.01011)2,小数部分多次乘以 2 后始终无法得到 0.0,只能得到近似值,因此十进制的小数转换为二进制时可能会存在误差。

【例 2-3】　将十进制数 100 转换为八进制和十六进制。

类似于十进制转换为二进制的方法,转换过程如图 2-2 所示。

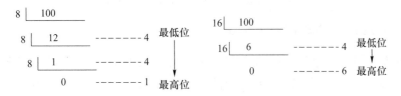

图 2-2　十进制数 100 转换为八进制和十六进制

100=(144)8=(64)16。

3. 二进制与八进制、十六进制的互换

1) 二进制转换为八进制、十六进制

二进制转换为八进制:整数部分从低位向高位每 3 位二进制值转换成对应的八进制值,高位不足补零,小数部分从小数点向右每 3 位二进制值转换成对应的八进制值,低位不足补零。

二进制转换为十六进制与二进制转换为八进制类似,每 4 位二进制转换为对应的十六进制。

【例 2-4】　将二进制数 1000001 转换为八进制与十六进制。

$$(1000001)2=(001\ 000\ 001)2=(101)8$$
$$(1000001)2=(0100\ 0001)2=(41)16$$

2) 八进制、十六进制转换为二进制

八进制转换为二进制:每个八进制位值转换为 3 位二进制值。十六进制转换为二进制与八进制转换为二进制类似,每个十六进制位值转换为 4 位二进制值。

【例 2-5】　将八进制数 101.25 转换为二进制。

将八进制的每个数值转换为3位二进制。因此,(101.25)8=(1000001.010101)2。

【例2-6】 十六进制41.24转换为二进制。

将十六进制的每个数值转换为4位二进制。因此,(41.24)16=(1000001.001001)2。

3) 八进制与十六进制的互换

八进制与十六进制的互换则需要二进制做中间值完成。

【例2-7】 将八进制数101.25转换为十六进制。

首先将八进制数101.25转换为二进制,为1000001.010101,再将二进制值每4位转换为十六进制,整数最高位与小数最低位不足4位补零。因此,(101.25)8=(1000001.010101)2=(41.54)16。转换过程如图2-3所示。

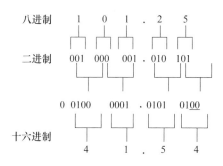

图2-3 八进制转换为十六进制

以上介绍了十进制的数值如何用二进制、八进制、十六进制表示以及各进制的转换。关于数值的符号(正负号)以及小数点如何表示,我们将在下一节中讨论。

2.1.3 计算机中的常用单位和量

计算机中最小的信息单位是位(bit),也就是一个二进制数0或1。存储数据时的基本单位是字节(Byte),它是由8个二进制位组成的一个序列,即1 Byte=8 bit。字节是最基本的信息计量单位。数据以字节的整倍数获得存储空间,如1 B能够表示2^8=256个状态,可以用来表示256个值,2 B能够表示2^{16}=65 536个值。存储容量越来越大,引入KB、MB、GB、TB等度量单位,数据中心及云存储等大容量存储则上升到PB、EB、ZB、YB等度量单位,进位关系均是低一级的2^{10}倍。

1 KB=1 024 B=2^{10} B 　　　　　　　1 PB=1 024 TB=2^{50} B

1 MB=1 024 KB=2^{20} B 　　　　　　　1 EB=1 024 PB=2^{60} B

1 GB=1 024 MB=2^{30} B 　　　　　　　1 ZB=1 024 EB=2^{70} B

1 TB=1 024 GB=2^{40} B 　　　　　　　1 YB=1 024 ZB=2^{80} B

2.2 数值型数据的表示

计算机中存储数值时要将十进制转换为二进制,还要考虑正负符号和小数点等问题。因此在程序设计中,数值主要包括整数与浮点数两大类:整数是不带小数的数值,分为无符号整数和有符号整数;浮点数是带小数的数值,能够存储较大范围的值,按照精度不同分为单精度和双精度,如图2-4所示。

计算机存储数据时,按数据类型分配不同字节,数值以一定格式的二进制形式表示,不足字节位数的部分一般用"0"填充。

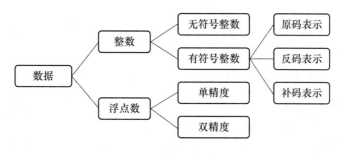

图 2-4　数据的分类

2.2.1　整数编码

1. 无符号整数

某些数据总是正值,如人的年龄、家庭人口数、学号等。在这种情况下,不需要考虑符号,所有二进制均可表示数值本身。如 1 个字节有 8 位,则最多可表示 2^8 即 256 个值:0～255(00000000～11111111)。

2. 有符号整数

思考十进制的加减法运算思想,如果运算器只能计算一位十进制数,那么能够计算的数值范围是 0～9,模是 10。例如,5＋7 的值为 2(进位 1 超出保存范围抛弃最高位),5－3 等价于 5＋(－3)也等价于 5＋(10－3)。如果运算器能计算二位十进制数,类似的,58－18 的值等价于 58＋(100－18)。依此类推,n 位十进制数的减法运算总能变为加法运算,即 a－b 等价于 a＋(10^n－b),－b 与 10^n－b 模 10 同余。

二进制的加减法运算思想类似,在计算机中仅用加法器完成算术运算。有符号整数有 3 种表示方法:原码、反码和补码,它们的最高位均是符号位,用 0 表示正数,1 表示负数,其余位表示数值位。计算机内部在算术运算时使用补码的加法运算。

1) 原码

原码(Sign Magnitude)指一个数的符号及数值表示的数。符号占一位,其余位表示整数的二进制值,中间不足补 0。例如用 8 位表示,[5]原＝00000101([5]原表示 5 的原码,下同),[－5]原＝10000101。

8 位原码能够表示的整数范围是 －(2^7－1)～2^7－1,即二进制 11…111～01…111。原码比较直观,但是 0 不唯一,[＋0]原＝00000000,[－0]原＝10000000,因此原码不适合进行算术运算,图 2-5 给出了原码运算的例子。

2) 反码

反码(One's Complement)指将一个二进制数中的 1 变为 0、0 变为 1。在有符号整数中,正数的反码与原码完全相同,负数的反码符号位与原码相同,其余位是原码的按位取反。例如,[5]反＝00000101,[－5]反＝11111010。

3) 补码

补码(Two's Complement)指在二进制表示法中,若表示的位数为 n,在数的真值上加基数 2^n 后再对 2^n 求模所得的二进制数。

在有符号整数中,正数的补码与原码相同,负数的补码是"反码＋1",这个＋1 指二进制加法:逢二进一,最高位若进位则被舍弃。例如,[5]补＝00000101,[－5]补＝11111011。而 0 的补码唯一：[-0]补=[-0]反+1=11111111+1=100000000=00000000（最高位的进位1被抛弃）。

补码表示法的0是唯一的，因此减法运算可转换为与负整数的加法运算。如用8位保存整数，最多能表示2^8个，使用补码能够表示的整数范围是$-2^7 \sim 2^7-1$（100…00~011…11），即$-128 \sim 127$，补码的负数不包括0，但包括-2^7。计算样例见图2-5的补码运算举例。

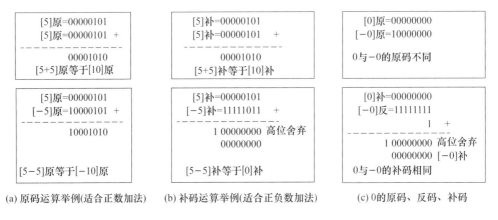

图2-5 原码、反码、补码运算举例

补码的缺点是很难直接看出真值。机器内的补码还原成真值时，如果是正数，补码与原码相同，直接将二进制转换为十进制。如果是负数，按照模的思想：补码的补码是原码，再做一次补码运算得到原码。

【例2-8】 假设用8位存储一个整数，二进制补码11010100对应的十进制数是多少？

分析：最高位是符号位，1表示负数，因此计算补码的补码得到原码：

$$
\begin{array}{r}
11010100 \\
\text{取反} \quad 10101011 \\
+1 \quad \quad \quad 1 \\
\hline
10101100
\end{array}
$$

二进制0101100=32+8+4=44，因此11010100是-44的补码。

2.2.2 浮点数编码

浮点数基于科学记数法的表示，小数点位置不固定，电气电子工程师学会（Institute of Electrical and Electronics Engineers，IEEE）为了解决计算机浮点数的存储、运算、表示等问题，于1985年推出了IEEE 754标准，1987年又推出了与基数无关的二进制浮点运算标准IEEE 854—1987。1989年，国际电工委员会（International Electrotechnical Commission，IEC）批准IEEE 754/854为国际标准IEC 559:1989，经修订后标准号改为IEC 60559。现在，几乎所有的浮点处理器完全或基本支持IEC 60559。

下面以IEEE 754标准为例介绍浮点数的编码。

浮点数采用规范的科学记数法，表达形式为"1×2^n"，整数部分是1，计算机中仅存储小数点后面的值和n的值。例如$13.75=(1101.11)_2=(1.10111)_2 \times 2^{(11)_2}$，计算机中要存储10111和11。

计算机存储的一个浮点数由符号(Sign,S)、尾数(Mantissa,M)和阶码(Exponent,E)3部分组成。使用一位二进制保存浮点数的符号,正数用0,负数用1。科学计数法中小数点后面的二进制值称为尾数,也称为有效数字,尾数决定浮点数的精度。n称为阶码,也称为指数,阶码决定浮点数的取值范围,对于阶码采用特殊编码(移码)表示。

浮点数根据精度范围不同分为单精度和双精度。单精度浮点数用32位二进制表示,符号S占1位,阶码E占8位,尾数M占23位。双精度浮点数用64位二进制表示,符号S占1位,阶码E占11位,尾数M占52位。尾数不足23或52位时末尾补零。阶码值转换为移码的计算规则是:n加127(单精度)或1 023(双精度)。

【例2-9】 计算13.75用单精度浮点数存储的二进制编码。

规范科学记数法:$13.75=(1101.11)_2=(1.10111)_2×2^{(11)_2}$。

S=0(正数)。

E=11+01111111=10000010(十进制3+127之和的二进制)。

M=10111000000000000000000(10111加上18个0)。

完整的二进制值为01000001010111000000000000000000,转换为十六进制值为415C0000,如图2-6所示。

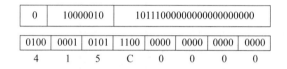

图2-6 单精度浮点数13.75在机器内的4字节存储

【例2-10】 已知一个单精度浮点数在机器内的十六进制表示为C0B40000,计算它的实际值。

首先将它变换为二进制形式:1100 0000 1011 0100 0000 0000 0000 0000,然后按照单精度浮点数的格式切分为相应的域:S=1,E=10000001,M=01101000000000000000000。符号S为1意味着是负数;阶码E为129则实际的指数为2(减去偏差值127);尾数M为01101即实际的二进制尾数为1.01101(加上隐含的小数点前面的1)。所以,实际的浮点数为

$$-1.01101×2^2=-(2^0+2^{-2}+2^{-3}+2^{-5})×2^2=-1.40625×2^2=-5.625$$

2.3 字符集与字符编码

字符(Character)是各种文字和符号的总称,包括各国家和地区的文字、标点符号、图形符号、数字等。字符的集合称为字符集(Character Charset),常用的字符集有ASCII码字符集、GB2312字符集、BIG5字符集、GB18030字符集、Unicode字符集等。字符在计算机中都要使用二进制来存储和表示,因此需要制定一套共同遵守的规则实现"字符—数字"映射,称为字符编码(Encoding)。

2.3.1 西文字符编码

美国信息交换标准代码(American Standard Code for Information Interchange,ASCII)是一种标准的单字节字符编码方案,被国际标准化组织(International Organization for Standardization,ISO)定为国际标准,称为ISO 646标准,适用于所有拉丁文字字母。

标准 ASCII 码包括所有的大写和小写字母、数字 0～9、标点符号,以及在美式英语中使用的特殊控制字符,共计 128 个。标准 ASCII 码在计算机中用 1 个字节(1 字节＝8 位)存储,最高位为 0,其余 7 位二进制数表示 128 种可能的字符。例如,字符 a 在计算机中存储的二进制值为 01100001(十进制的 97)。

ASCII 码的十六进制编码与对应字符如表 2-3 所示。

表 2-3 ASCII 码的十六进制编码与对应字符

编码	符号	编码	符号	编码	符号	编码	符号	编码	符号	编码	符号	编码	符号	编码	符号
0	NUL	10	DLE	20	Space	30	0	40	@	50	P	60	`	70	p
1	SOH	11	DC1	21	!	31	1	41	A	51	Q	61	a	71	q
2	STX	12	DC2	22	"	32	2	42	B	52	R	62	b	72	r
3	ETX	13	DC3	23	#	33	3	43	C	53	S	63	c	73	s
4	EOT	14	DC4	24	$	34	4	44	D	54	T	64	d	74	t
5	ENQ	15	NAK	25	%	35	5	45	E	55	U	65	e	75	u
6	ACK	16	SYN	26	&	36	6	46	F	56	V	66	f	76	v
7	BEL	17	ETB	27	'	37	7	47	G	57	W	67	g	77	w
8	BS	18	CAN	28	(	38	8	48	H	58	X	68	h	78	s
9	HT	19	EM	29	)	39	9	49	I	59	Y	69	i	79	y
A	LF	1A	SUB	2A	*	3A	:	4A	J	5A	Z	6A	j	7A	z
B	VT	1B	ESC	2B	+	3B	;	4B	K	5B	[	6B	k	7B	{
C	FF	1C	FS	2C	,	3C	<	4C	L	5C	\	6C	l	7C	|
D	CR	1D	GS	2D	-	3D	=	4D	M	5D	]	6D	m	7D	}
E	SO	1E	RS	2E	.	3E	>	4E	N	5E	^	6E	n	7E	~
F	SI	1F	US	2F	/	3F	?	4F	O	5F	_	6F	o	7F	DEL

ASCII 码有一些有趣的特性。

① 第 1 个编码 $(0)_{16}$ 是一个空字符,程序中经常会用它表示字符串的末尾结束符等。

② 大写字母是从 $(41)_{16}$ 开始的连续 26 个,小写字母是从 $(61)_{16}$ 开始的连续 26 个,比较两个字符大小,就是比较 ASCII 码大小,因此小写字母大于大写字母,比对应的大写字母大 $(20)_{16}$ 即十进制的 32,这个规则经常被使用,例如,将小写字母转换为大写字母,只需要做减法运算即可。

③ 十进制数字是从 $(30)_{16}$ 开始的连续 10 个,因此要将一个数字字符转换成对应的整数值,要减去 $(30)_{16}$ 即十进制的 48。在计算机中,整数 5 与字符 5 是不一样的,字符 5 的值比整数 5 大了 48。

④ $(1)_{16}$ 到 $(1F)_{16}$ 是一些控制字符,有需要时请自行查阅资料。

⑤ 常用的字母与数字的大小规则是 0～9＜A～Z＜a～z,记住特殊的 3 个字符就能很方便地推算出常用字符。它们是:字符 0 为十进制的 48,字符 A 为十进制的 65,字符 a 为十进制的 97。

2.3.2 汉字字符编码

中国的汉字约有 10 万个,常用汉字也有 6 000 多个,必须使用多个字节编码表达。1980 年中国国家标准总局发布的 GB 2312—1980 是第一个汉字编码国家标准(简称国标码),共收录 6 763 个简体中文汉字以及 682 个中文标点、拉丁字母、希腊字母等全角字符。1995 年全国信息技术标准化技术委员会制定了 GBK 编码兼容 GB 2312—1980 标准并做了扩展,共收录了 21 003 个汉字。BIG5 是使用繁体中文最常用的计算机汉字字符集标准,共收录 13 060 个汉字。

我国目前制定的字符集国家标准是 GB 18030—2005,全称《信息技术中文编码字符集》。它采用变长多字节编码,每个字可以由 1 个、2 个或 4 个字节组成,共收录 70 244 个汉字和多种我国少数民族文字的推荐性编码,兼容 GB 2312 与 GBK 编码,支持 Unicode 编码。为了更好完成语言文字规范化、标准化、信息化,2022 年发布的国家标准 GB 18030—2022 收录了 87 887 个汉字、228 个汉字部首、10 种少数民族文字,满足了人名、地名的生僻字和古籍、科技等用字的统一信息化处理需求,该标准于 2023 年 8 月 1 日实施。

计算机处理汉字需要解决 3 个问题:汉字的输入、存储、显示。汉字自诞生以来便经历了从甲骨文、金文、篆文到隶书、草书、楷书、行书的演变过程,一个汉字有多种字形,用户也可选择多种输入法,但是每个汉字在计算机内部存储的机内码是独一无二的编码。汉字编码的处理过程如图 2-7 所示。

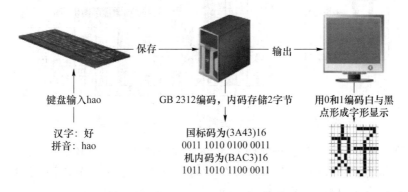

图 2-7 汉字"好"的输入—存储—输出

1. 输入码

输入码指为将汉字输入计算机而设计的代码。汉字输入码的方案很多,常见的有拼音法、五笔法等,如搜狗拼音、智能拼音 ABC 等,用户根据自己的喜好安装合适的输入法软件即可通过键盘输入汉字。此外,手写输入法通常要添加手写笔、语音输入需要麦克风和声卡等外部设备结合使用。

2. 机内码

无论使用哪种输入码,在计算机内部存储时要使用统一的编码。GB 2312 国标码是在区位码基础上的编码,区位码将汉字分为 94 个区(01~94),每区 94 个字符(01~94),16~55 区为一级汉字,按拼音排序,共 3 755 个,56~87 区为二级汉字,按部首/笔画排序,共 3 008 个,每个区和位分别占用一个字节,并分别加上(20)16 就是国标码。

国标码使用 2 个字节表示一个汉字,每个字节如何与 ASCII 码区分呢?需要将国标码进行进一步转换,使其成为机内码。国标码转换为机内码的原则是:国标码每个字节的最高位变为1,也就是国标码+(8080)16。

【例2-11】 汉字"好"的区位码是26区35位,那么它的国标码与机内码是多少?

26区35位转换为十六进制是(1A23)16,加上(2020)16后变为国标码(3A43)16。

机内码为(3A43)16+(8080)16=(BAC3)16。

3. 输出码

汉字在显示器或打印机上输出通常有两种表示方式:点阵表示法和矢量表示法。

1) 点阵表示法

采用点阵方式表示汉字字形,称为字模码、字形码,也称外码。根据汉字输出要求不同,点阵的多少也不同,简易型汉字为16×16点阵,提高型汉字为24×24点阵、32×32点阵甚至更高。点阵规模越大,字形越清晰美观,需要更多的存储空间。

例如,用16×16点阵表示一个汉字,就是将每个汉字用16行16列的网格画出16×16个点,每个点用1位二进制表示,如图2-8所示。该方阵的每一行都要用16位二进制即2个字节表示,共16行,因此存储一个汉字所需占用的字节空间是16×2 B=32 B。

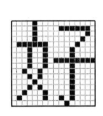

行\列	1	2	3	4	5	6	7	8	9	10	11	12	13	14	15	16	十六进制
1	0	0	0	0	1	0	0	0	0	0	0	0	0	0	0	0	0x0800
2	0	0	0	0	1	0	0	0	1	1	1	1	1	1	1	0	0x087E
3	0	0	0	0	1	0	0	0	0	0	0	0	0	0	1	0	0x0802
4	0	0	0	0	1	0	0	0	0	0	0	0	0	1	0	0	0x0804
5	0	1	1	1	1	1	1	1	0	0	0	0	1	0	0	0	0x7E08
6	0	0	0	1	0	0	1	0	0	0	0	1	0	0	0	0	0x1210
7	0	0	0	1	0	0	1	0	0	0	0	1	0	0	0	0	0x1210
8	0	0	0	1	0	0	1	0	1	1	1	1	1	1	1	1	0x12FF
9	0	0	0	1	0	0	1	0	0	0	0	1	0	0	0	0	0x1210
10	0	0	1	0	0	1	0	0	0	0	0	1	0	0	0	0	0x2410
11	0	0	1	0	1	0	0	0	0	0	0	1	0	0	0	0	0x1410
12	0	0	0	0	1	0	0	0	0	0	0	1	0	0	0	0	0x0810
13	0	0	0	1	0	1	0	0	0	0	0	1	0	0	0	0	0x1410
14	0	0	1	0	0	0	1	0	0	0	0	1	0	0	0	0	0x2210
15	0	1	0	0	0	0	1	0	0	1	0	1	0	0	0	0	0x4250
16	0	0	0	0	0	0	0	0	0	0	1	0	0	0	0	0	0x0020

图2-8 "好"字模的二进制与十六进制(白为0,黑为1)

【例2-12】 观察图2-8,"好"字模的第3~4个字节的十六进制值是多少?

采用16×16点阵保存的"好"字,每行有16个二进制即2个字节,因此第3~4个字节是图中第二行的16个二进制数0000 1000 0111 1110,转换为十六进制值为087E。

2) 矢量表示法

矢量表示法存储的是描述汉字字形的轮廓特征,矢量化字形描述与最终文字显示的大小、分辨率无关,因此可以产生高质量的汉字输出。Windows中使用的TrueType技术就是汉字的矢量表示方式。

2.3.3 Unicode字符集编码

1. 通用字符集

为解决多国语言的字符编码不一致带来的问题,国际标准化组织制定的ISO 10646标准定义了通用字符集(Universal Character Set,UCS),它包含世界上大多数可书写的字符。

UCS定义了两种编码:UCS-2编码使用2个字节表示,最多可表示2^{16}(65 536)个字符;UCS-4使用4个字节,最多可表示2^{32}个字符。UCS只解决了编码问题,并没有解决不同操作系统平台之间传输和存储的问题。

2. Unicode 字符集

1991年,统一码联盟发布了可对全球几乎所有语言文字编码的统一码 Unicode 字符集,目前两个标准的编码双向兼容。

Unicode 编码系统分为编码方式与实现方式两个层次。

1) Unicode 的编码方式

Unicode 的编码方式对应 UCS-2,如 A 的 ASCII 码是 01000001,而 Unicode 与 UCS-2 编码是 00000000 01000001,格式为"u 为前缀+十六进制整数",即 u0041。

2) Unicode 的实现方式

Unicode 的实现方式又称 Unicode 转换格式(Unicode Transformation Format,UTF),Unicode 编码在实际传输时根据不同系统平台分为 3 种转换方式:UTF-8、UTF-16、UTF-32。

① UTF-8 是变长的字符编码,占 1~4 个字节,最前面的 128 个字符(1 个字节)与 ASCII 码完全相同,在互联网中使用最广泛。

② UTF-16 是 2 个字节编码,接近于 UCS-2,两个字节保存时的位置不同产生了 UTF-16BE(大端,高位字节在低地址)和 UTF-16LE(小端,高位字节在高地址)的编码。

③ UTF-32 是 4 个字节编码,接近于 UCS-4。

【例 2-13】 以 Windows 操作系统中的记事本(Notepad)程序为例,观察不同编码格式保存的文件内容。

打开记事本程序新建一个文本文件,输入第一行"abc12",第二行"你好",另存为 3 种编码类型的文件:ANSI、UTF-8、带有 BOM 的 UTF-8。使用一个十六进制的编辑器如 UltraEdit 软件依次打开 3 个文件后,看到的十六进制值如图 2-9 所示。

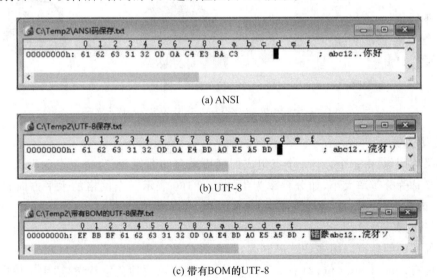

(a) ANSI

(b) UTF-8

(c) 带有BOM的UTF-8

图 2-9 使用不同编码保存相同文字的二进制编码——ANSI、UTF-8、带有 BOM 的 UTF-8

无论哪种编码,字符"abc12"与换行回车都是 ASCII 码:61,62,63,31,32,0D0A,ANSI 读本机 GB 2312 编码汉字占 2 个字节,UTF-8 的汉字占 3 个字节,带有 BOM 的 UTF-8 则在文件起点标记 3 个字节,具体编码对应值如表 2-4 所示。

表 2-4　中文 Windows 操作系统中的记事本编码举例

编码类型	说明	字符编码举例(十六进制)						
		a	b	c	1	2	回车	你	好
ANSI	当前系统的本地语言编码	61	62	63	31	32	0D0A	C4E3	BAC3
UTF-8	变长的字符编码,ASCII 码字符1个字节,中文占2~4字节	61	62	63	31	32	0D0A	E4BDA0	E5A5BD
带有 BOM 的 UTF-8	标记字节序(EFBBBF)的 UTF-8	61	62	63	31	32	0D0A	E4BDA0	E5A5BD

因此,要将带有汉字的文本文件保存到不同平台,考虑到兼容性,最好选择不带 BOM 的 UTF-8。

2.4　多媒体信息数字化

图形、图像、声音、视频、动画等多媒体信息如何以二进制形式存储、传输及显示呢？本节简要介绍各种类型多媒体信息的数字化过程和不同压缩编码格式的文件类型。

2.4.1　图形与图像数字化

存储在计算机中的图像分为两类:位图(Bitmap)和矢量图(Vector Graphic)。此外,通过软件可以绘制出真实感立体效果的三维图像(3D Image)。三类图像的示例如图 2-10 所示。

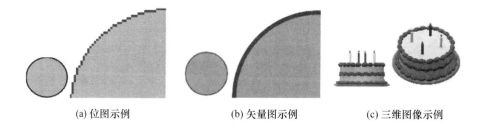

(a) 位图示例　　　　(b) 矢量图示例　　　　(c) 三维图像示例

图 2-10　位图、矢量图与三维图像示例

1. 位图图像

位图又称图像,由一个 $m \times n$ 个点组成的网格来存储图像颜色,每个点称为像素(Pixel),网格大小又称为分辨率大小,如分辨率为 1 080×2 160 表示一个网格的水平方向有 1 080 条线,垂直方向有 2 160 条线,共计组成 1 080×2 160 个点(称为像素)。

1) 位图的表示

每个像素的颜色可以用多位二进制表示,色彩位数也称为色彩深度(Color Depth),常用的色彩深度有 1 位、4 位、8 位、24 位、32 位等。1 位能表示两种色彩状态,适用于黑白图像。8 位能表示 256 种色彩状态,适用于灰度图,用灰度表示图像,将黑—灰—白的连续变化灰度值量化为 256 个灰度级,灰度值的范围为 0~255。自然界中的各色光由红(Red)、绿(Green)、蓝(Blue)3 种颜色按照不同比例组成,在常用颜色表示行业标准 RGB 中,3 种颜色均用 8 位二进制表示,因此 24 位色彩位数能够表示出 2^{24} 约 1 670 万种色彩,基本能满足现实世界的颜色需求,称为真彩色。

位图图像能表达丰富的色彩,非常逼真,但是放大到一定尺寸就会失真,如图 2-10(a)所示。人们日常生活中使用的图像大多是位图,如手机拍摄的照片、数码相机拍摄的照片等。

一幅图像需占用的存储空间为"水平像素点数×垂直像素点数×像素点的颜色位数"。例如,分辨率为 1 080×2 160 的真彩色图像占用的存储空间为 1 080×2 160×24 位＝6 998 400 字节≈6.657 兆字节。

2) 文件类型与压缩编码

BMP 文件是 Window 操作系统中的标准图像文件格式,扩展名为 bmp。BMP 图像没有被压缩,占据的空间很大。为了便于图像的存储和传输,在满足一定保真度的要求下,可对图像数据进行变换、编码和压缩等减少图像的存储空间,称为压缩技术。图像有多种编码方法,各有自己的压缩技术和特点,适合于不同的场合。常用的文件格式有 JPEG、GIF、PNG 等。

① 联合图像专家组(Joint Photographic Experts Group,JPEG)文件扩展名为 jpg 或 jpeg,是最常用的图像文件格式,通过有损压缩格式将图像压缩在较小的储存空间,适用于数码相机等设备的图像。

② 图像交换格式(Graphics Interchange Format,GIF)文件扩展名为 gif,最多支持 256 种色彩的图像文件格式,适合构成简单的动画用于网页中。

③ 便携式网络图形(Portable Network Graphics,PNG)文件扩展名为 png,是网页中的最新图像文件格式,能够提供长度比 GIF 小 30% 的无损压缩图像文件。

常用的图形处理软件包括 Windows 操作系统自带的画笔,以及专业图像处理软件 Photoshop 等。

【例 2-14】 在 Windows 画图软件中打开一个扩展名为 bmp 的文件,选择菜单中的"文件"→"另存为"→"JPEG 图片"选项,保存文件后与 BMP 文件进行对比。

如图 2-11 所示,一个 BMP 文件以 JPEG 方式压缩成.jpg 文件的压缩比约为 7∶1。

名称	类型	大小
bitmap.bmp	BMP 文件	769 KB
bitmap.jpg	JPG 文件	101 KB

图 2-11　BMP 文件与 JPG 文件的大小对比

2. 矢量图形

矢量图又称图形,是由直线、圆、矩形等图元用数学方法绘制而成的。计算机中存储绘制图形的指令,如图形的位置、大小,图形的轮廓着色及填充色等。矢量图色彩简单,放大、缩小图形不会让图形失真,如图 2-10(b)所示。

矢量图一般只需较小的存储空间,适用于图形设计,如网页 Logo、广告牌、工程制图、卡通人物等。

常用的矢量图形软件有 AI、CDR、SVG 等。

① AI(Adobe Illustrator)文件扩展名为 ai,主要应用于印刷出版、专业插画等。

② CDR(CorelDRAW)文件扩展名为 cdr,用于网页 Logo、办公文印等。

③ SVG(Scalable Vector Graphics)文件扩展名为 svg,是可缩放的矢量图形格式,可任意放大图形显示,生成的文件很小,所有浏览器都支持 SVG 文件显示,因此它适用于网页页面。

3. 三维图像

三维图像又称 3D 图像,指视觉上具有纵深感的图像。它利用人的两眼视觉差别和光学折射原理,使得在计算机平面内看到一幅三维立体图,视觉上更接近真实产品,而且用户只需要操作键盘、鼠标,即可从多个角度观察产品,甚至能模拟产品的使用方法。如图 2-10(c)所示,可从不同角度观察蛋糕。

3D 图像通常用于虚拟现实(Virtual Reality,VR)、3D 打印、地质、电影特效、建筑、医疗等应用。一个 3D 图像文件包含了三维空间中的多边形和顶点组成的模型信息,还包含颜色、纹理、几何形状、光源以及阴影等信息。

2.4.2 声音数字化

声音是声波,被称为模拟信号(连续值)。模拟信号的数字化过程如图 2-12 所示,经过采样、量化和编码 3 个步骤,输出声音时由声卡合成波形模拟声音,振动空气发声。

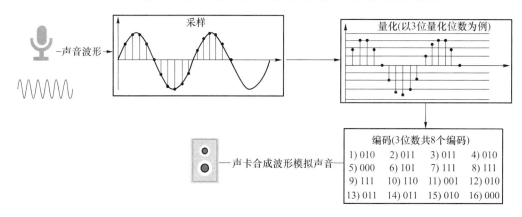

图 2-12 模拟信号的数字化过程

1. 采样

采样(Sampling)是对连续信号每隔一定周期获取一个信号振幅值的过程,每秒采样的次数称作采样频率。采样频率越高、采样精度越高,则采样的质量就越高,也就越接近原始的连续声波。人耳能听到的音频信号范围为 20 Hz~20 kHz(每秒 20~20×1 000 次振动),一般电话的语音采样频率是 11.025 kHz,而高保真的音乐 CD 的采样频率是 44.1 kHz,也就是每秒采样 44 100 次。

2. 量化

量化(Quantization)是对每个采样点的取值(无穷个)用一定的量化位数(用 8 位或 16 位表示,称为采样精度)量化为不同的离散值的过程。凡落在某区间的值都指定为该区间量值,因此量化过程中有失真。

3. 编码

编码(Encoding)是将量化后的数据用二进制形式表示并存储的过程。

声道有单声道和立体声(指两个不同的声道),因此在不压缩的情况下,音频数据存储空间(B)=采样频率×量化位数×声道×秒/8。

【例 2-15】 存储 1 分钟立体声音乐,量化位数为 8 位,求在不压缩的情况下占据的存储空间。

按照公式计算:44.1×1 000×8×2×60/8=5 292 000 B≈5 MB。

音频压缩同样包括无损压缩与有损压缩。主要的压缩标准是 MPEG-1,MPEG-1 是 MPEG(Motion Picture Experts Group,运动图像专家组)组织制定的第一个视频和音频有损压缩标准,音频标准分三代,最著名的第三代协议被称为 MP3(MPEG-1 Audio Layer 3),已成为广泛流行的音频压缩技术。

常用的声音文件扩展名有 wav、wma、mp3、midi 等。

2.4.3 视频与动画数字化

1. 视频

视频(Video)由连续的图像组成。连续画面中的单幅静态画面称作帧(Frame),一般每秒播放 24 帧。连续的图像变化每秒超过 24 帧画面以上时,根据视觉暂留原理,人眼看上去是平滑连续的视觉效果。视频中的图像与声音分别采用相应的数字化及压缩技术(JPEG 和 MPEG)。此外,连续的图像之间具有一定的相关性,也会进行帧间压缩。

常用的视频压缩国际标准主要有 MPEG 系列标准,例如,MPEG-1 用于 VCD,MPEG-2 用于 DVD 与数字广播系统,MPEG-4 用于实时视频通信领域和无线网上的流媒体等。此外,还有 H.26X 系列标准,例如,H.261 用于早期的视频会议,H.262 相当于 MPEG-2,H.263 用于视频会议和视频电话,H.264 相当于 MPEG-4。

视频文件格式多样,主要视频文件扩展名及对应的文件格式如表 2-5 所示。

表 2-5 视频文件扩展名及对应的文件格式

扩展名	文件格式	说明
avi	AVI(Audio Video Interleaved)	音频视频交错格式,微软的 Windows 视频,体积大,适用于 DVD 光盘
wmv	WMV(Windows Media Video)	微软的 Windows Media 视频,适用于网络播放与传输
mpg/mpeg/mp4	MPEG(Moving Picture Experts Group)	MPEG-4,运动图像压缩算法的国际标准,适用于光盘、视频电话、电视广播
mov	QuickTime File Format	QuickTime 封装格式,苹果公司的媒体类型
rm/rmvb	RealVideo	RealNetworks 公司的媒体类型,体积小

2. 动画

动画(Animation)是借助于计算机技术对文字、声音、图形、图像等信息进行处理,利用视觉错觉营造出的,广泛应用于游戏开发、电影特技制作、生产过程及科研模拟等。动画制作的主要流程包括输入和编辑关键帧、计算和生成中间帧、定义和显示运动路径、交互给画面上色、产生特技效果、实现画面与声音同步、控制运动系列的记录等,动画同样采用 24 帧/秒。

3D 动画指的是借助于三维动画软件在计算机中创建虚拟三维世界的一种动画。方法是创建物体模型后,让这些物体在空间动起来,如移动、旋转、变形、变色,再通过打灯光等生成栩栩如生的画面。动画制作软件较多,如 Animator Studio、3DMax 等。

2.5 操作实验——多媒体文件应用

2.5.1 【实验2-1】查看图像文件属性

1. 用画图软件观察 RGB 颜色

打开"画图"软件(程序→附件→画图),打开调色板,任意调节颜色,观察 RGB 值的变化。或者任意输入 RGB 的值(每个分量是2个十六进制值,如 FF)观察颜色变化。

如图 2-13 所示,打开 Windows 系统附件中的"画图"软件,单击"编辑颜色"按钮,在弹出的"编辑颜色"对话框中能看到黑色的红、绿、蓝色框中均是 0,如果将红色框中的 0 改为 255,则颜色变为红色,如果将红、绿、蓝 3 个颜色框中的值都改为 255,则颜色变为白色。

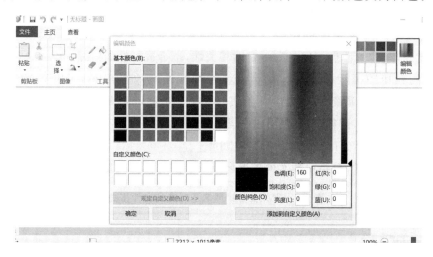

图 2-13 在"编辑颜色"对话框中输入颜色 RGB 值

位图的质量根据分辨率的大小来判定,分辨率越大,图像的画面质量就越清晰。当对位图不断进行放大达到一定程度之后,会看到越来越不清晰,就像马赛克一样,这时图片已经出现失真的效果。

2. 计算 BMP 位图文件大小

如图 2-14 所示,右键单击一个文件名为 bitmap.bmp 的文件,会看到常规与详细属性信息,分辨率为 512×512,位深度为 24(用 24 位表示颜色),大小 768 KB。

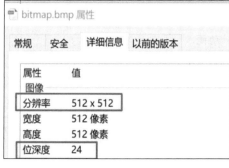

图 2-14 查看 bmp 文件的常规属性与详细信息

请手动计算一下,与图中的大小相差多少?

512×512×24/8＝786 432 字节,比图中的大小 786 486 字节少了 54 字节,这 54 字节是 BMP 文件头部记录必要的关于 BMP 的信息。

图片文件是以二进制文件格式保存的,可以使用如 UltraEdit 等软件查看图片文件的十六进制值。对于图 2-15 所示的 bitmap.bmp 文件,前 54 字节(00h~36h)表示文件头部信息,后面部分是图像信息。第 0~1 字节是字符 B 与 M(00h 中的 42 即十进制的 66),表示 BMP 类型的文件。接下来第 2~5 字节表示图像的大小,高位字节在高地址,组成一个整数为 000C0036,转换成十进制为 786 486。

$$C×16^4＋3×16^1＋6×16^0＝12×256×256＋3×16＋6＝786\ 486$$

```
00000000h: 42 4D 36 00 0C 00 00 00 00 00 36 00 00 00 28 00 ; BM6.......6...(.
00000010h: 00 00 00 02 00 00 00 02 00 00 00 01 00 18 00 00 ; ................
00000020h: 00 00 00 0C 00 00 00 00 00 00 00 00 00 00 00 00 ; ................
00000030h: 00 00 00 00 00 00 37 51 9E 3E 58 A5 3E 5A A7 4A ; ......7Q?X?Z
00000040h: 66 B3 52 70 BD 52 72 BE 57 79 C5 60 82 CE 4A 6F ; f政pæŔr網y色偽Jo
00000050h: BF 4E 73 C3 53 78 C8 4F 74 C4 50 75 C5 4F 74 C4 ; 縉sĂx茛tŘu馭t?
00000060h: 52 77 C7 51 76 C6 52 77 C7 54 7B CA 56 7C CE 57 ; Rw菳v芋w茬{萕|蚖
00000070h: 7D CF 57 7F D1 58 80 D3 52 7A CD 49 73 C6 4B 72 ; }蠫袮€鏧z好s芐r
00000080h: C7 49 6E C3 47 6D BF 47 72 C1 3D 65 BD 41 5B B5 ; 荌n眽Gm縂r?e絘[?
00000090h: 29 33 6F 18 18 20 3B 34 55 47 46 72 46 4A 17 ; )3o..0;4UGFrFJ]7
000000a0h: 3A 6D 32 2C 55 30 28 46 28 23 3E 1E 1C 39 1B 1B ; :m2,U0(F(#>..9..
000000b0h: 21 1D 1C 25 1C 1A 26 1F 1C 2B 26 23 33 26 23 32 ; !..%..&..+&#3&#2
000000c0h: 21 1F 2B 21 20 2A 20 1F 29 1F 1E 28 1F 1E 28 1F ; !.+! * .)..(..(.
000000d0h: 1F 28 20 1F 29 21 20 2A 20 1F 29 20 1F 29 20 20 ; .( .)! * .) .)
```

图 2-15 用 UltraEdit 查看 bmp 文件的十六进制值

2.5.2 【实验 2-2】图像处理软件的基本应用

简单图形制作与图像处理可以使用 Windows 自带的"画图"以及 Office 办公产品完成,复杂的工作由专业图像处理软件完成。

1. Windows 自带的"画图"工具

"画图"工具可以实现处理图片的比例或尺寸大小,像素、图片擦除,在图片中添加文字等功能。如图 2-16 所示,单击"选择",拖动鼠标在画布中选中一个矩形,右击,在弹出的快捷菜单中选择"裁剪"选项,则画布仅保留矩形框图像。选择"旋转"选项可旋转角度,选择"反色"选项则将颜色取反,如将黑色背景变为白色等。单击"工具"中的"A",可在图像中添加文字,利用右边的"颜色"功能区可自由更换颜色。单击"保存"按钮可保存为多种类型的图像文件。

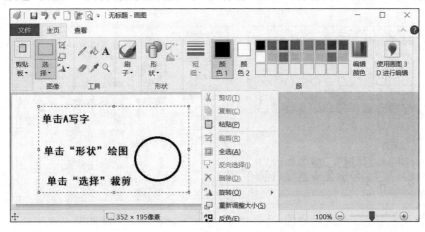

图 2-16 "画图"工具裁剪图像

2. Office 办公软件

WPS Office 的文字、表格、演示与 Microsoft Office 中的 Word、Excel、PowerPoint 都有简单的图像处理功能。如图 2-17 所示，在文档中插入图片，然后单击图片时菜单栏会增加"图片格式"，常见处理有图片裁剪、设置对齐方式、旋转角度、图片边框、图片效果等，以及通过修改透明度与亮度、设置图片样式提高图片显示的美观性等。

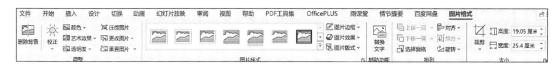

图 2-17　Office 的"图片样式"菜单

1) 插入图片

新建一个 Word 文件，依次单击"插入"→"图片"→"本地图片"命令，选择图片插入文档，或者复制图片到剪贴板后，按"Ctrl+V"组合键粘贴图片到文档中。

2) 剪裁图片

选中图片，单击新增菜单"图片格式"→"裁剪"命令，当图像四周出现裁剪框时，拖动裁剪框上的控制柄调整裁剪框到保留图像的范围，按"Enter"键，裁剪框外的图像将被删除。单击"裁剪"右边的下三角，在弹出的下拉菜单中可以根据自定义"按形状裁剪"或"按比例裁剪"。

3) 图片组合

将多个图片组合成为一个图片时，首先修改每个图片的"环绕"方式，由默认的"嵌入式"改为"四周型"，然后按住"Ctrl"键并依次用鼠标选中要组合的多个图片，选择"组合"选项将选中的图片组合成一个图片。

对于组合后的图片，可单击"组合"中的"取消组合"命令将其分解成原始图片。

4) 图片校正

图片常见的校正手段包括调整亮度、对比度、饱和度等，也可以增加图片效果，如阴影等。

5) 形状与 SmartArt

利用"形状"与"SmartArt"都可以绘制图形，如图 2-18 所示，单击菜单"插入"中的"形状"或"SmartArt"命令，选择形状如圆角矩形、矩形等，单击文档中要插入的位置，修改形状大小、文字、颜色等属性。可选中多个形状，右键单击，在弹出的快捷菜单中选择"组合"选项，将多个图形组合成一个图形对象。

 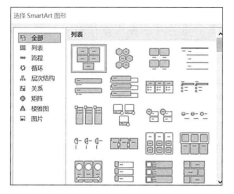

图 2-18　Office 办公软件的插入-形状和 SmartArt 图形

3. 图像处理软件

常用的专业图像制作与处理软件有很多,例如,Photoshop 用于图像处理,CorelDraw 用于平面设计,AutoCAD 用于机械绘图,3DMax 用于三维建模,Altium Designer 用于电路图设计,Comic Studio 用于漫画制作,Microsoft Visio 用于专业流程图绘制等。

Adobe 公司的 Photoshop(简称 PS)广泛应用在图像处理、平面设计、网页设计等领域,但是 PS 是商业软件,是收费的。免费的 GIMP 软件实现了 PS 的绝大部分功能,它提供多个操作系统版本,下载网址为 https://www.gimp.org/downloads/,安装后打开软件的界面如图 2-19 所示。本章的在线实训任务中部署了 GIMP 软件的应用实验。

图 2-19　GIMP 软件界面

2.6　头歌在线实训 2——信息表示与编码

【实验简介】本实验主要练习各种数字与字符的编码规则,理解文本文件的 UTF-8 与 Unicode 格式,掌握常用的图像处理方法。

【实验任务】登录头歌实践教学平台,完成本章多个实验,每个实验包括多关,每一关可以单独完成,也可以一次性完成,全部完成则通关。实验截止之前允许反复练习,取最高分。

头歌实践教学平台的登录与实验方法见附录。实验任务及相关知识见二维码。

拓展阅读

第 2 章
在线实训任务

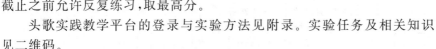

习题与思考

1. 举例说明,生活中还有哪些编码?
2. ASCII 码中的大小写字母有什么规律?
3. 中文编码的国标码、机内码与区位码之间的关系是什么?
4. 对于一个文本文件,常见的保存类型有哪几种?
5. 图像文件有哪些格式?比较不同格式文件的大小和区别。
6. 熟悉常用的多媒体软件,并且结合你的校园生活完成一个作品,如 5 分钟内的视频。
7. 根据你的手机拍照像素设置的大小,计算在不压缩的情况下,存储一幅图像需要多少 MB(兆字节,1 MB=1 024×1 024 字节)?实际拍照后一幅照片大约是多少 MB?前者是后者的多少倍?

第 3 章 计算机系统基础

一个完整的计算机系统由各种硬件设备和软件模块构成。用户使用计算机是通过软件来操作硬件。计算机技术与应用在飞速发展,但是计算机的基本组成和工作原理基本相同。本章重点学习计算机硬件与软件的组成与分类,以及微机的硬件组成结构,从用户角度简要介绍软件应用和下载中的问题。

3.1 计算机系统的硬件组成

硬件(Hardware)指构成计算机的所有元器件、线路、部件和设备。一次计算从输入、处理到输出,需要由硬件完成存储、运算和表示。当前的计算机是以图灵机模型为理论基础,基于冯·诺依曼体系结构构建的。

3.1.1 冯·诺依曼体系结构

1946 年,美国科学家冯·诺依曼提出"存储程序"、"采用二进制编码"和"五大组成部件"的计算机结构,这种思想延续至今。根据冯·诺依曼思想,计算机必须具有输入、存储、处理和输出功能,按照冯·诺依曼模型构建的计算机分为 5 个部分:控制器、运算器、存储器、输入设备、输出设备,各部件之间通过总线连接起来,如图 3-1 所示。

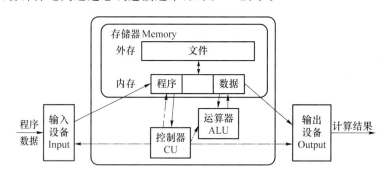

图 3-1 计算机的 5 个组成部分

1. 控制器

控制器(Control Unit,CU)是整个计算机的指挥控制中心,它的主要功能是向计算机的各个部件发出控制信号,管理数据的输入、存储、读取、运算、输出以及控制器本身的活动。

2. 运算器

运算器也称为算术逻辑单元(Arithmetic Logic Unit,ALU),主要完成算术运算和逻辑运算。运算器从存储器中得到数据,运算后将结果送回存储器。整个过程在控制器指挥下完成。

3. 存储器

存储器(Memory)分为内存储器和外存储器。内存储器存储执行的程序和数据,程序由一组有序的指令组成。当执行程序时,从存储器中读出一条指令,按照指令内容自行运算(运算过程由运算器完成),再从存储器中读出下一条指令,重复这个过程,直到指令结束为止(控制程序执行过程及部件工作由控制器完成)。外存储器用来长期存放程序和数据文件。

4. 输入设备

输入设备(Input Device)接收用户输入的数据并将其转换成二进制,在控制器的指挥下按一定的地址顺序写入内存。

5. 输出设备

输出设备(Output Device)将内存中计算机处理后的信息以能被人或其他设备所接收的形式输出,如显示、打印、声音等。

控制器与运算器组成计算机的中央处理单元(Central Processing Unit,CPU)。

3.1.2 内存储器

计算机系统中的存储器一般分为内存储器(简称主存、内存)和外存储器(简称辅存、外存)。主存能够与 CPU 直接进行信息交换,特点是运行速度快、容量相对较小。辅存速度慢,可存储大容量数据,即使断电数据也不会消失。

1. 字与字长

前面我们已经知道,计算机中最小的信息单位是位,也就是一个二进制数 0 或 1。存储数据时以字节为基本存储单位,一个字节由 8 位相邻的位组成。字(Word)代表计算机处理指令或数据的二进制数位数,是计算机进行数据存储和数据处理的运算单位。一个字由若干个字节组成。

字长是指 CPU 一个字的位数,代表计算机处理数据的速率,例如,64 位计算机是指计算机字长为 4 个字节,CPU 一次读取 64 位的指令和数据。运算器、控制器、存储器通常以字为单位进行数据传送和处理。

2. 内存地址与内存空间

计算机将主存按字节(或字)组成多个存储单元,每个存储单元有一个编号,就是内存地址。假设每个存储单元用 8 位无符号整数表示内存地址,则最多可以表示 $2^8 =$ 256 个(编号为 00000000~11111111)内存地址,如果每个存储单元的空间是 1 个字节,则可存储 256 B 数据,也可称为"内存大小是 256 B"。

64 位计算机中一个 int 型变量要占据 4 个字节的内存空间。图 3-2 显示了一个 int 型变量 max 在内存中的存储。这段内存地址编号为 101~107,在编号为 104 的位置贴上标签(标识符)max,程序中并不需要知道 max 在内存中的地址编号,只需通过标识符 max 即可获取内存单元中的值——00000000 00000000 00000000 00001001,即十进制 9。注意,地址编号 104 的字节为整数的最低字节,地址编号高的字节作为整数的高字节。

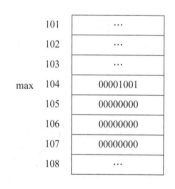

图 3-2 int 型变量 max 在内存中保存的值为 9

3.1.3 CPU 与指令

在冯·诺依曼体系结构中,CPU 内部包括一组寄存器,用来保存指令、数据、地址等,内存中保存程序与数据,CPU与内存之间由总线连接,传递指令、数据和地址。CPU的控制器控制各部件完成数据读写操作和命令运算器完成运算等功能,如图3-3所示。

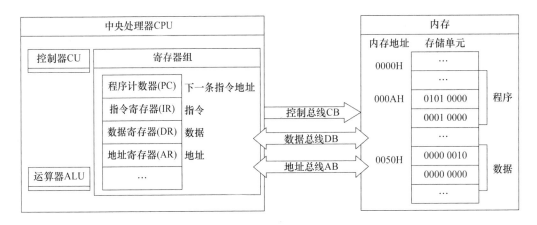

图 3-3　CPU 的基本组成

1. 计算机指令和指令系统

计算机指令(Instruction)是用计算机能理解的方式向计算机发布的某种操作命令,如"存""加"等。指令由一串二进制代码组成,又称为机器指令。一条机器指令由操作码和地址码两部分组成。操作码指明指令要完成何种操作,地址码指明操作数的存放位置。

指令系统是计算机硬件的语言系统,也叫作机器语言,指计算机所能执行的全部指令的集合。不同计算机的指令系统所包含的指令种类和数目不同,一般均包含算术运算、逻辑运算、判定和控制、输入输出等指令。为了方便阅读和理解,指令引入助记符表示操作码和操作数,这样的指令称为汇编指令。由于机器语言与汇编语言依赖硬件系统,因此被称为低级语言,用它们编写的程序不能在不同平台之间直接移植。

2. 指令的执行过程

CPU 的工作是循环执行指令。程序中第一条指令的地址值被放在程序计数器(Program Counter,PC)中,该计数器具有自动加1(一条指令存放字节数)功能,实现程序的自动执行。

在一般情况下,完成一条指令的操作可分为取指令、分析指令、执行指令这3个阶段。

1) 取指令

先将程序计数器的内容保存到地址寄存器(Address Register,AR),然后根据AR的值到相应内存中取出指令,并放入指令寄存器(Instruction Register,IR)。同时,程序计数器自动加1,指向下一条要执行的指令地址。

2) 分析指令

控制器中的译码器对指令寄存器中的指令进行译码(翻译),产生相应的控制信号。一条指令分为操作码与操作数,操作码决定要完成的操作,如加法运算,操作数指参加运算的数据及其所在的内存地址。

3) 执行指令

CPU 完成操作命令。以操作码是加法运算指令为例,首先到内存地址中取出操作数保存到数据寄存器(Data Register,DR),再由运算器 ALU 完成算术运算,最后将结果保存到数据寄存器或内存中。

3.2 微机硬件的基本组成

微机(Personal Computer,PC)是微型计算机的简称,主要面向个人用户。一台微机主要包括主机、输入设备、输出设备。微机分为台式机、笔记本计算机、一体机、平板电脑等,如图 3-4 所示。

图 3-4 微机的种类——台式机、一体机、笔记本电脑、平板电脑

微机发展的主要依据是微处理器的发展。1971 年问世的 MCS-4 是世界上第一台微机,它采用 4 位微处理器 Intel 4004。1978 年开发出基于 Intel 8086 的 16 位微处理器,随后开发的 Intel 80286、Intel 80386 都与 Intel 8086 兼容。1981 年以后,32 位微处理器相继问世,比较著名的有 Intel 80386,目前微机主要使用的是 64 位微处理器。

3.2.1 主板

1. 主板

主板(Main Board)安装在计算机主机箱内,是微机中最大的一块集成电路板,连接计算机的各个部件。主板与 CPU 关系密切,每一次 CPU 的重大升级,必然导致主板的更新换代。主板的优劣在某种程度上决定了一台计算机的整体性能、使用年限以及功能扩展能力。图 3-5 所示是一个主板示例。

主板主要由两大部分组成。一部分是芯片,主要有芯片组、BIOS 芯片、集成芯片(如网卡、声卡、显卡)等,芯片组是主板的核心,它决定了主板的功能。另一部分是插槽与接口,主要有 CPU 插座、内存条插槽、PCI/PCIE 插槽(声卡、显卡、网卡、电视卡等)、SATA 接口(硬盘)、M2 接口(硬盘)、输入输出设备接口(USB、HDMI、DP、VGA 等),主板的接口将外部设备和主机连接。

图 3-5 主板示例

2. BIOS

主板的基本输入输出系统(Basic Input/Output System,BIOS)是一组被固化到主板

ROM 芯片上,为计算机提供最低级、最直接的硬件控制的程序。计算机开机时首先启动 BIOS 完成以下过程。

① BIOS 检查各个部件是否良好,根据 CMOS(是主板的 RAM 中的程序,记录 BIOS 值,要外接电池保持数据)做参数设置。

② BIOS 按照设置的顺序查找引导程序。

③ 引导程序将操作系统的内核装入内存。

3.2.2 总线

总线(Bus)是计算机各部件之间传送信息的公用通道。系统总线是微机中最重要的总线,用于 CPU 与接口卡的连接。常用的系统总线 PCI-E(PCI Express)是一种多通道的串行总线。其主要优势是数据传输速率高,而且总线带宽是各个设备独享的。根据通道数的不同,总线可分为 PCI-EX1、X2、X4 等。笔记本等设备则采用 Mini PCI-E。

1. 传输内容

按照传输数据内容的不同,一般将总线分为 3 类。

① 数据总线(Data Bus,DB),计算机中专门用来传送数据信号的总线。

② 地址总线(Address Bus,AB),计算机中专门用来传送地址信号的总线。

③ 控制总线(Control Bus,CB),传送控制信号的公共总线。

2. 传输方式

从数据传输方式看,总线可分为串行总线和并行总线。串行总线每次只能传送一个二进制位,并行总线每次能传送一组二进制位。在高频率条件下串行总线比并行总线更好,比较容易处理,因此,串行总线适用于高速数据传输,并行总线适用于短距离、低频率的数据传输。

3. 技术指标

评价总线的技术指标有 3 个。

① 总线位宽,指总线能同时传送的二进制位数,如 16 位数据总线指的是总线具有同时传送 16 位二进制数据的能力,目前主要使用 32 位和 64 位总线。数据总线位数越多,传输数据就越快。地址总线宽度表明总线能够直接访问的地址空间,如 32 位地址总线可直接访问的地址空间是 4 GB($2^{32}=2^2 \times 2^{30}$)。

② 总线频率,指一秒内传输数据的次数,通常用 MHz(兆赫兹)表示,如 100 MHz 等,一般来说,总线频率越高,传输速度越快。

③ 总线带宽,指单位时间内总线可以达到的最高传输数据量,单位是 MB/s。公式为

$$总线带宽(MB/s)=总线频率(MHz) \times 总线位宽(bit)/8$$

假设总线的工作频率为 100 MHz,总线位宽为 32 位,那么该总线带宽 = 100×32/8 = 400 MB/s。

3.2.3 微处理器与性能指标

微处理器一般指微机的 CPU,是计算机的核心。目前主要的微处理器厂商有 Intel 和 AMD。Intel 的 CPU 主要是酷睿(Core)系列:酷睿 i5、酷睿 i7、酷睿 i9,微处理器还分多代,如酷睿 i7-12700 表示十二代产品,拥有十二内核二十线程,主频为 2.1 GHz,睿频可达 4.90 GHz。AMD 的 CPU 分多个系列,如锐龙、速龙等。

国产 CPU 主要有龙芯、兆芯、华为鲲鹏、海光 CPU、申威、飞腾 CPU 等,已得到广泛应用。

以龙芯为例,中国科学院计算所自主研发的通用CPU——龙芯是具有完全自主知识产权的通用高性能微处理器芯片,至今已开发了1号、2号、3号3个系列处理器,图3-6所示是龙芯3A5000处理器,主频为2.3～2.5 GHz。目前基于龙芯CPU的产品在政企、安全、金融、能源等应用场景得到广泛应用。

CPU决定了计算机的性能,一般包括以下几个指标。

1. 主频与睿频

图3-6 国产CPU产品——龙芯3A500

主频指CPU的时钟频率,一般以GHz为单位。一般说来,主频越高,运算速度就越快。例如,Intel酷睿i5的主频为2.5 GHz。手动超频是为了实现超过额定频率性能,人为调整各种指标(如电压、散热、外频、电源、BIOS等)。而睿频采用Intel睿频加速技术可达到更高频率,可以理解为自动超频。

2. 字长与位数

计算机在同一时间内处理的一组二进制数称为一个计算机的"字",而这组二进制数的位数就是"字长"。通常所说的CPU位数就是CPU的字长,也就是CPU通用寄存器的位数。在其他指标相同时,字长越大表示计算机处理数据的速度就越快。早期的微型计算机的字长一般是8位和16位,目前大多是32位和64位。

3. 多核与多线程

单核处理器(Singlecore Chips)只有一个核心,而多核处理器(Multicore Chips)在一个处理器内部集成多个微处理器内核,使得多个微处理器可并行执行程序代码。

多线程是把一个物理内核模拟成多个逻辑内核并同时执行。在现代操作系统中,程序运行时的最小调度单位是线程,即每个线程是CPU的分配单位。多线程技术提高了CPU的运行效率。

3.2.4 指令集体系结构

指令集体系结构(Instruction Set Architecture,ISA)是计算机系统中最核心的抽象层,它是软件和硬件之间接口的一个完整定义。ISA定义了一台计算机可以执行的所有指令的集合,每条指令规定了计算机执行什么操作,所处理的操作数存放的地址空间以及操作数类型。一种CPU执行的指令集体系结构不仅决定了CPU的能力,也决定了指令的格式和CPU的结构。

1. 指令集体系结构的分类

现阶段主流体系结构的指令集主要包括CISC与RISC。

1) CISC

复杂指令集计算机(Complex Instruction Set Computer,CISC)体系结构的设计策略是使用丰富的指令方便程序执行,但指令集的复杂性使得CPU和控制单元的电路非常复杂,执行指令操作也会变慢。在CISC指令集的各种指令中,仅约20%的指令会被经常使用,而余下约80%的指令很少被使用。

2) RISC

精简指令集计算机(Reduced Instruction Set Computer,RISC)是一种执行较少类型计算

机指令的微处理器，不常用指令由软件提供，它能以更快的速度执行操作。

2. 常见的 CPU 架构

目前智能电子设备的 CPU 架构主要包括 X86、ARM、MIPS 等。由于针对不同的任务而设计，它们的处理效率、执行方式都不同。

1) X86 架构

X86 架构(the X86 Architecture)主要使用在微机、服务器等设备中，使用 CISC。X86 架构的 CPU 分为 X86 和 X86-64 两类，前者是 32 位处理器，后者是目前主流的 64 位处理器。使用 X86 的 CPU 品牌主要有 Intel、AMD、兆芯、海光等。

2) ARM 架构

ARM 架构(Advanced RISC Machine Architecture)主要使用在智能手机和平板电脑中，使用 RISC，特点是体积小、功耗低、成本低、性能高。使用 ARM 的 CPU 品牌主要有鲲鹏、飞腾。

3) MIPS 架构

MIPS 架构(Microprocessor without Interlocked Piped Stages Architecture，Millions of Instructions Per Second Architecture)采取 RISC，被使用在许多电子产品、网络设备中。主要 CPU 品牌有龙芯。

4) 查看 CPU 架构

查看一台计算机的 CPU 架构时，在 Windows 中可右击"我的电脑"查看属性，如图 3-7(a)所示，在 Linux 中一般使用终端命令"arch"或"uname -a"查看，如图 3-7(b)所示。

```
处理器        Intel(R) Core(TM) i7-6600U CPU @2.60GHz
              2.81GHz
机带 RAM      16.0GB (15.8GB可用)
系统类型      64位操作系统，基于x64的处理器
```

(a) 在Windows 10中右击"我的电脑"，选择"属性"选项

```
root@vnc-16294657:~# arch
x86_64
root@vnc-16294657:~# uname -a
Linux vnc-16294657 4.19.1-1.el7.elrepo.x86_64
x86_64 x86_64 x86_64 GNU/Linux
```

(b) 在Linux终端中输入"arch"或"uname -a"命令

图 3-7 查看计算机的 CPU 架构

3.2.5 多级存储结构

主存储器分为 ROM 和 RAM。为解决存储容量、存取速度和成本价格的问题，微机采用多级存储体系，在速度差异大的 CPU 寄存器、内存与外存之间增加缓存(Cache)。

1. ROM

只读存储器(Read Only Memory，ROM)只能读取不能修改，信息一旦写入后就固定下来，即使切断电源，信息也不会丢失。例如，计算机启动时的 BIOS 程序就是固化到 ROM 芯片上的。

2. RAM

随机读写存储器(Random Access Memory,RAM)可以随时读写,但一旦断电就会丢失数据。根据工作原理的不同又分为动态存储器(Dynamic RAM,DRAM)与静态存储器(Static RAM,SRAM)。我们常说的内存或内存条一般使用 DRAM,通过电路充电来存储信息,因此需要在很短的时间内不断充电(称为刷新)。DRAM 按地址存储内容,价格比较便宜,访问速度较快,但比 CPU 慢得多。目前 DRAM 的种类主要有 DDR3、DDR4 等,购买时应注意与主板的兼容性。

3. Cache

静态随机访问存储器(Static Random-Access Memory,SRAM)不需要刷新电路,但费用贵,一般用在 Cache 中。CPU 内部集成少量的寄存器临时存储指令和数据,CPU 访问速度远比内存数据交换时的速度快得多,为了缓解差异,CPU 芯片内部集成容量小(几十 KB)的高速缓存区,速度接近 CPU 中寄存器组的访问速度。Cache 的作用是把使用频率最高的数据暂时保存,CPU 从内存读数据时首先读 Cache,只有当 Cache 中没有时才访问主存。目前,二级缓存是 CPU 性能表现的关键之一,在 CPU 核心不变化的情况下,增加二级缓存容量能使性能大幅度提高。而三级缓存的 CPU 可进一步降低内存延迟,同时提升大数据量计算时处理器的性能。

4. 外存储器

外存储器具有大容量、长期保存数据的特点,主要包括硬盘、光盘、移动存储器、云存储等。硬盘又分为机械硬盘和固态硬盘。

1) 机械硬盘

机械硬盘(Hard Disk Drive,HDD)是一种硬质圆形磁表面存储媒体,固定封装在硬盘驱动器中,如图 3-8(a)所示。HDD 内部由一个或多个盘片组成,使用磁性介质作为数据存储介质,数据读写时使用磁头+马达的方式进行机械寻址。磁盘需要磁盘驱动器才能工作,将其放置到计算机内部,目前连接主机的 HDD 接口主要有 SATA、SAS。

2) 固态硬盘

固态硬盘(Solid State Disk,SSD)是用固态电子存储芯片阵列制成的硬盘,如图 3-8(b)所示。SSD 主要使用半导体闪存(Flash)作为数据存储介质,数据读取、写入通过 SSD 控制器进行寻址,读写速度快但造价高。目前主要采用的接口有 SATA-2、SATA-3、mSATA、PCI-E、M.2 等。

3) 光盘

光盘(Optical Disc)是以光信息作为存储的载体并用来存储数据的一种物品,如图 3-8(c)所示。光盘按读写类型分为不可擦写光盘(如 CD-ROM、DVD-ROM 等)和可擦写光盘(如 CD-RW、DVD-RAM 等)。计算机通过光盘驱动器或刻录机读取或刻录光盘,接口包括 SATA、USB、Type-C 等。

4) 移动存储器

移动存储器(Mobile Storage Device)指小型可随身携带的辅助存储器,如 U 盘(USB Flash Disk)和移动硬盘(Mobile Hard Disk),如图 3-8(d)和图 3-8(e)所示。U 盘是一个使用 USB 接口的微型高容量移动存储产品,一般即插即用,携带方便。也有双接口 U 盘满足用户与安卓或苹果手机的数据传输需求。移动硬盘通常由笔记本计算机硬盘和外壳组成,接口一般使用 USB 或 Type-C。

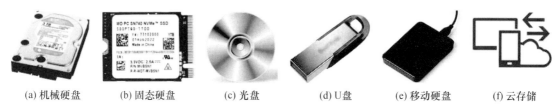

(a) 机械硬盘　　(b) 固态硬盘　　(c) 光盘　　(d) U 盘　　(e) 移动硬盘　　(f) 云存储

图 3-8　部分外部存储设备样例图

5) 云存储

云存储(Cloud Storage)把数据存放在通常由网络第三方托管的虚拟服务器上。授权用户可使用多样的终端设备,通过网络对云存储的资源池进行访问和管理,并按使用的服务付费。目前国内的公有云存储有百度云盘、华为网盘、腾讯微云等。

3.2.6　输入输出设备

常见的输入设备包括鼠标、键盘、手写笔、图像输入设备(如扫描仪、摄像机等)、光学阅读设备(如阅读机等)、图形输入设备(如条形码输入器等)等,用来识别信息并将其写入计算机中。常见的输出设备包括显示器、打印机、绘图仪、扬声器等,以用户能够识别的方式显示信息。

1. 显示器

显示器是微机必备的输出设备,高分辨率是保证显示器色彩清晰度的前提。分辨率以像素数计量。像素数越多,其分辨率就越高,如分辨率"640×480"的像素数为 307 200。"640"指水平像素数,"480"指垂直像素数。常用显示器的最大分辨率有 1 024×768、1 280×1 024、1 920×1 080、3 120×2 080 等。显示器的最佳分辨率与尺寸和比例有关。

2. 显卡

显卡(Video Card)插在主板的扩展槽上,主要作用是显示图形。显示芯片是显卡的主要处理单元,因此又称为图形处理器(Graphics Processing Unit,GPU),显卡中也有类似于主机内存的存储器,称为显示存储器,简称显存,它的容量大小和性能高低直接影响计算机的显示效果。显卡包括集成显卡、独立显卡、核心显卡。

3. 显示器输出接口

显卡处理的信息要通过图像输出接口向显示器输出图像信号,图像输出接口有多种类型,常见的如图 3-9 所示。

(a) VGA 接口　(b) DVI24+1　(c) HDMI　(d) DP 接口　(e) MiniDP 接口　(f) 雷电接口
　　连接线　　　连接线　　　连接线　　　连接线　　　连接线　　　连接线

图 3-9　常见图像输出接口的连接头

1) VGA 接口

VGA(Video Graphics Array)接口如图 3-9(a)所示,是早期使用最广泛的视频接口,它传输红、绿、蓝模拟信号,共有 15 个针脚(3 排,每排 5 孔)。随着对高清晰度图像传输需求的增加,许多高端显卡和显示器取消了 VGA 接口,但可通过转接头或者转换器使用。

2) DVI

DVI(Digital Visual Interface)有多种规则,图 3-9(b)所示的 DVI 24+1 是数字视频接口,也是早期微机的常用接口。

3) HDMI

HDMI(High Definition Multimedia Interface)如图 3-9(c)所示,是一种全数字化视频和声音发送接口,可以同时传输视频和音频。目前,大多数电视机和微机都使用这种接口。

4) DP 接口与 MiniDP 接口

DP(DisplayPort)接口如图 3-9(d)所示,是高清晰度的数字显示接口,它可以同时传输视频和音频,目前主要用在微机产品中。

MiniDP(Mini DisplayPort)如图 3-9(e)所示,是一个微型版本的 DP,主要用在 MacBook 等移动设备中。

5) 雷电接口

雷电接口(Thunderbolt)如图 3-9(f)所示,可同时用作视频传输和其他数据传输。在外观上,雷电 1 和雷电 2 接口采用 MiniDP 接口形状,雷电 3 和雷电 4 采用 Type-C 接口类型。

音频分为模拟信号和数字信号,也有多种接口,请自行查阅资料了解。

4. 数据传输接口

目前越来越多的输入输出设备都使用 USB 接口与计算机设备传输数据。USB(Universal Serial Bus,USB)即通用串行总线,是一种串口总线标准。USB 接口分为 USB 2.0、USB 3.0、USB 3.1、USB 4.0 等,USB 2.0 速度较慢,目前主要使用 USB 3.0 及以上,接口附近一般标注"SS"表示"SuperSpeed"。

Type-C(USB Type-C)伴随最新的 USB 3.1 标准横空出世,其优点是允许正反盲插、传输速度快。越来越多的智能手机、笔记本计算机等设备采用 Type-C 接口作为充电和数据传输接口。

3.3 软件的分类

软件(Sofware)指计算机系统包含的各种程序及其文档。根据软件在计算机系统中的作用,可以将软件主要分为两大类:系统软件和应用软件。

3.3.1 系统软件

系统软件(System Software)位于计算机系统中最靠近硬件的层次,对其上层的软件提供支持,并且与具体的应用领域无关,如操作系统、编译程序等。系统软件使得用户和应用软件使用计算机时不需要考虑底层每个硬件是如何工作的。

操作系统是一台独立计算机必备的软件,管理计算机系统的所有软件与硬件资源,所有其他软件都必须在操作系统的支持下才能运行。操作系统的详细介绍见第 4 章。

计算机程序设计语言包括机器语言、汇编语言和高级语言。高级语言接近自然语言,程序员可以不用了解硬件细节和机器的指令系统。计算机语言处理程序是将程序设计语言翻译成计算机能识别的机器语言程序的工具,也称为编译器。翻译分为编译和解释两种方式,工作过程见第 6 章。

数据库管理系统是用来管理数据库的软件。利用数据库管理系统创建数据库,结合开发语言产生符合现实需求的数据库应用软件,如学生管理系统、超市销售系统、网络购物系统等。具体介绍见第 7 章。

3.3.2 应用软件

应用软件(Application Software)指用于实现用户的特定领域、特定问题的应用需求而非解决计算机本身问题的软件,如办公自动化软件、多媒体软件、输入法、压缩解压缩软件、翻译软件、文字识别软件、网络通信软件、电子导航软件、科学和工程计算软件、动漫游戏软件、电子商务软件、教育软件等。

3.4 软件的运行环境

软件的运行环境指一个软件运行所要求的各种条件,包括软件环境和硬件环境。软件环境主要以操作系统为主,硬件环境主要以 CPU、内存和硬盘为主。例如,在 WPS 官网下载产品时"所有产品"的"WPS Office"按操作系统类型分为 Windows、Linux、Mac、Android、iOS、企业版 PC 端与移动端,如图 3-10 所示。"云办公"的"金山文档(个人)"是基于云终端服务的产品,用户可利用手机、QQ、微信等账号注册和登录,以网页方式编辑和浏览文档。用户也可使用微信小程序方式登录,方便在计算机和手机等移动设备上操作和管理。

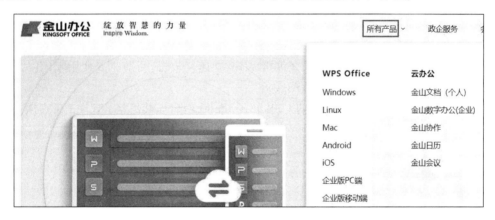

图 3-10 金山办公产品 WPS Office 按运行环境的分类

软件下载后,在安装前应仔细阅读安装须知中的安装许可和运行环境。例如,WPS Office 个人版的运行环境要求如表 3-1 所示,只有当满足运行环境时软件方可正常安装运行。

表 3-1 WPS Office 个人版的运行环境

运行环境	Windows	Linux	macOS
操作系统	Windows10/Windows7	Ubuntu、优麒麟、CentOS、deepin、Fedora、UOS、麒麟	macOS 10.12 或更高版本
CPU	Intel Core i5 同等级或以上	X86、MIPS、ARM	双核及以上
内存	至少 4 GB 内存	至少 2 GB 内存	至少 2 GB 内存
硬盘	至少 8 GB 可用空间	至少 2 GB 可用空间	至少 4 GB 可用空间
显示器	1 080p 或以上分辨率		

3.5 软件知识产权

软件知识产权是软件开发者对自己的智力劳动成果所依法享有的权利,是一种无形的财产。大多数国家通过《著作权法》(也称版权)保护软件知识产权,与硬件关系密切的软件设计原理也可申请专利保护。保护软件知识产权能提高开发者的积极性和创造性,促进软件产业的发展,从而促进人类文明的进步。

软件许可证规定了软件供应商和用户的条款、条件,大多数软件在安装时都需要同意许可条款。从软件许可角度看,软件主要分为专有软件和开源软件两大类。

3.5.1 专有软件

专有软件的源代码不公开,也称为闭源软件,软件供应商通常会使用一些技术手段限制用户使用,如产品激活、产品密钥或序列号等。按授权方式不同,专有软件可分为商业软件、共享软件、免费软件。

① 商业软件是指用户在购买后获得如注册码等授权,进而享受一定时间甚至终身使用权的软件。

② 共享软件是指用户可在有限条件下免费使用的软件,如限定免费使用次数、使用天数,或仅开放部分功能,有的还包含广告或水印。有些商业软件为了吸引新客户,会推出试用版,允许用户尝试使用。

③ 免费软件是指允许用户免费使用,但不公开源代码,不允许用户修改功能的软件。有些软件在推广初期是免费的,当用户积累多或者功能稳定后会开始收费,变成商业软件。

3.5.2 开源软件

开源软件(Open Source Software,OSS)指开放源代码的软件。软件允许用户修改程序并将其用于派生作品中,但必须以相同条款公开修改后的部分,并提供源代码。通过更多人的参与,能较快速地完善软件缺陷。开源软件大多数是免费的,但不排除有商业软件版本,如有些开源软件个人版免费,而企业版收费。

自由软件是指用户拥有使用软件的自由,可以自由地运行、拷贝、修改、再发行。自由软件有时是免费发布的,而有时则需要收费。在自由软件中,最常见的授权方式就是GNU通用公共许可证(General Public License,GPL)。大多数自由软件都是开源软件。

用户下载软件时应尽可能从官网下载,下载时应查看软件的授权类型和适用平台,合理选用软件,避免因非授权造成损失。

3.6 操作实验——文字处理与报告演示

常用的办公软件有微软公司的 Microsoft Office 和金山公司的 WPS Office,两者操作接近,各有特点。WPS Office 是由北京金山公司自主研发的一款办公软件套装,免费版也支持办公软件最常用的文字、表格、演示、PDF 阅读等多种功能,有内存占用低、运行速度快、云功能多、有强大插件平台支持、免费提供云存储空间等优点。此外,WPS 支持多平台,且 WPS 移动版通过 Google Play 平台,已覆盖 50 多个国家和地区。2021 年 WPS Office 成为全国计算

49

机等级考试(NCRE)的二级考试科目之一。本书以 WPS Office 为例介绍的各功能,同样适用于 Microsoft Office。

编写论文、著作、制作电子板报等文字处理工作,需要用到 WPS Office 软件的"WPS 文字",对应 Microsoft Office 的"Word",主要知识点包括自动生成目录、图表标题、编号、页码等,WPS 文字的文件扩展名为 wps,可以另存为 Word 文件,扩展名为 doc、docx。

当进行工作汇报、宣传等演示时,可使用 WPS Office 软件的"WPS 演示",对应 Microsoft Office 的"Powerpoint",主要知识点包括母版设计、主题设计、嵌入对象等,WPS 演示的文件扩展名为 dps,可以另存为 Powerpoint 文件,扩展名为 ppt、pptx。

3.6.1 【实验 3-1】格式与样式排版

排版一般包括对文字、段落、样式、页面的格式设置。字体包括字形、字号、颜色、底色、特殊标注(加粗、斜体、下划线、删除线、下标、上标)等。段落包括编号、项目符号、缩进、对齐方式(左对齐、居中、右对齐、分散对齐)、边距(单倍、双倍、1.5 倍、自定义)、边框等。样式编排是用一个样式名称保存字体和段落的编排格式。页面包括所有页面或单节的页边距、纸张大小(A4、B5 等)、纸张方向(横向、纵向)等。这些设置是排版最基本、最常用的操作。

1. 排版相关菜单

打开 WPS 软件,新建"文字"后显示 WPS 文字的"开始"菜单,如图 3-11 所示。按区域分为字体、段落、样式的快捷操作,单击每个区域右下角的 ┘ 弹出详细设置窗口。

图 3-11 WPS 文字的字体、段落、样式设置

单击"页面布局"菜单后页面显示如图 3-12 所示,主要包括修改页面的边距、纸张方向、纸张大小、页面之间的分隔符等设置。单击"页边距",在弹出的子菜单中选择"自定义页边距"将弹出详细设置对话框。

提示:菜单栏凡是带有下三角符号的菜单均表示有子菜单。

图 3-12 WPS 文字的页面布局设置

2. 样式

样式是自动化排版的基础。例如,一篇论文对一级标题的格式要求:中文字体为黑体,西文字体为 Times New Roman,二号,居中对齐,无缩进,段前 0 行,段后 0 行,1.5 倍行距。将论文中多个一级标题定义为"标题 1"样式,然后只要修改标题 1 样式,所有的标题 1 都会自动修改。类似的二级标题对应"标题 2"样式,三级标题对应"标题 3"样式等。

将光标放在标题 1 所在行(无须选中),右击"开始"菜单中"样式"的"标题 1"选择"修改样式",弹出"修改样式"对话框,可直接在"格式"区域选择字体、段落等的格式,如图 3-13 所示。

① 字体。将中文"微软雅黑"修改为"黑体","四号"改为"二号",切换到西文修改为

"Times New Roman",每项都可使用下拉菜单值或者直接手工输入值。在左下角"格式"下拉菜单中选择"字体"打开详细设置对话框,如字体颜色、字符之间的间距等。

② 段落。在字体下方一行图标中,选择第一组第二个图标"居中对齐",选择第二组第二个图标"1.5倍行距",选择第三组第二个图标"减少段间距",下方预览窗口可观察变化,直到不再减少为止。选择第四组第一个图标"减少缩进"。在左下角"格式"下拉菜单中选择"段落"打开详细设置对话框,如段前分页等。

 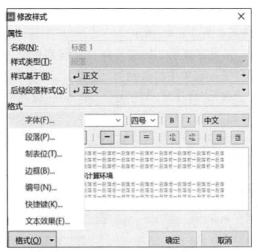

图 3-13　修改样式"标题1"的格式

3. 分级编号

论文中常见的章节标题编号是"第1章＊＊＊　1.1　1.2　1.3……"等,这就要建立多级编号,并且让每级编号链接同级别样式。图3-14展示了一段文字中从原始正文文字设置多级编号链接到多级样式的变化,第1级编号形式如"第1章"对应标题1样式,第2级编号形式如"1.1"对应标题2样式,第3级编号形式如"1.1.1"对应标题3样式。这样,当论文中增删章节或调整各章节顺序时,各级标题会自动更新编号或样式,无须手工调整。

```
计算工具与计算环境              计算工具与计算环境              第1章计算工具与计算环境
计算工具及其发展
计算机类型及应用              • 计算工具及其发展              • 1.1·计算工具及其发展
计算环境
信息表示与编码              • 计算机类型及应用              • 1.2·计算机类型及应用
数的表示与存储
数值的进制与表示              • 计算环境                     • 1.3·计算环境
数制间转换
                            信息表示与编码                 第2章信息表示与编码

                            • 数的表示与存储               • 2.1·数的表示与存储

                            • 数值的进制与表示              2.1.1数值的进制与表示
                            • 数制间转换                   2.1.2数制间转换

    (a) 原始正文文字        (b) 设置样式:标题1,标题2,标题3    (c) 多级编号链接到多级样式
```

图 3-14　多级标题设置多级编号的各阶段示例

设置多级编号的主要步骤如下。

① 单击"段落"中的编号表图标,选中"多级编号"的一种方式,单击"自定义编号",弹出"自定义多级列表"对话框,单击"高级"按钮展示详细信息。

拓展视频

文字处理排版

② 设置级别 1 的编号样式链接到标题 1。选择级别 1 编号样式如 1、2、3,编号格式中自动出现编号占位符,表示按顺序的编号,可在编号前和编号后加上其他字符,右边可预览效果,如"第 1 章"。单击"将级别链接到样式"右边的下拉菜单选择"标题 1"。设置效果如图 3-15(a)所示。

③ 设置级别 2 的编号样式链接到标题 2。单击级别为 2,选择编号样式,单击"前一级别编号"下拉菜单中的级别如"级别 1",然后在两个编号占位符前后可以分别添加其他字符,如①.②表示"章序号.节序号"。单击"将级别链接到样式"右边的下拉菜单选择"标题 2"。设置效果如图 3-15(b)所示。

④ 每一级编号的样式还包括编号位置、制表符位置、缩进位置等格式,全部设置完成后单击"确定"按钮。

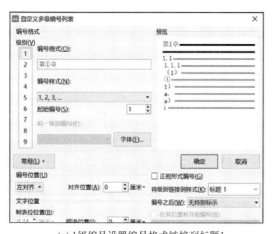
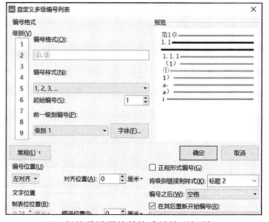

(a) 1级编号设置编号格式链接到标题1　　　(b) 2级编号设置编号格式链接到标题2

图 3-15　自定义多级编号的高级窗口

3.6.2 【实验 3-2】目录与页眉页脚设置

在文字排版中用"节"控制排版格式的范围,一页内可以有不同的排版格式,例如,在报纸中分栏排版,可添加"连续分节符"。如果对不同页设置不同效果,例如,有的页面横向,有的页面纵向,添加页面分隔符时要选择"下一页分节符"。

1. 分栏

选中要分栏的段落,注意不要选中末尾的段落符号↵,如图 3-16(a)所示,单击页面布局的"分栏",再单击"更多分栏"打开分栏设置对话框,选择两栏、竖线分隔,确定后如图 3-16(b)所示在分栏的段落前后分别自动添加了"分节符(连续)"。分栏还可以设置栏的宽度和间距等。

如果页面不显示分节符,单击"开始"菜单中"段落"区域的↵,再单击三角形下拉菜单可自定义"显示/隐藏"段落标记或布局按钮,如图 3-17 所示。

如果要删除分节符,当光标定位在分节符开始处时,单击"Delete"键即可。

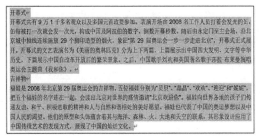

(a) 一栏　　　　　　　　　　　(b) 竖线分隔的两栏

图 3-16　分栏效果对比图

图 3-17　段落区域设置显示/隐藏标记

2．下一页分节

插入新页分为"分页符"与"下一页分节符"。如果插入的新页面与原页面要设置不同的页眉、页脚等，选择"下一页分节符"。单击"页面布局"→"分隔符"→"下一页分节符"命令，如图 3-18 所示。插入分节符后的文字后面显示"＝＝＝＝＝分节符（下一页）＝＝＝"。

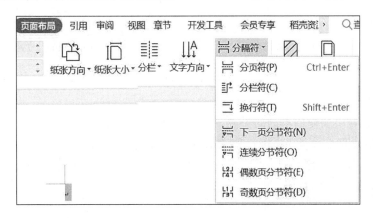

图 3-18　插入分隔符"下一页分节符"

3．页脚设置

页脚指页面正文底部，一般显示页码、时间等信息。下面介绍页码的常见应用。

1）设置页码

单击"插入"菜单的"页码"下拉菜单，如图 3-19(a)所示，或者双击页面底部的页脚位置，在新增的"页眉页脚"菜单中单击"页码"下拉菜单，如图 3-19(b)所示。

单击"页码"下拉菜单显示预设样式如图 3-20(a)所示，可快速选择页码位置如页脚中间等。单击底部的"页码"弹出"页码"设置对话框，可修改页码样式（如 1,2,3,…或 I,II,III,…）、页码是否包含章节号、页码续前节或重新开始编号、页码应用范围等，如图 3-20(b)所示。

(a) "插入"菜单的"页码"下拉菜单

(b) "插入"菜单的"页眉页脚"→"页码"下拉菜单

图 3-19 "页码"菜单位置图

(a) 页码预设样式

(b) "页码"设置

图 3-20 页码预设样式与页码详细设置页面

2）分节设置页码

不同页的页眉/页脚使用不同的设置，例如，毕业论文目录页的页码格式一般是 I,II,III…，而正文的页码格式是 1,2,3,…，因此需要在正文前添加"下一页分节符"。进入正文（非第 1 节）的页眉/页脚，此时右侧会显示"与上一节相同"，单击菜单的"同前节"取消文字，然后可对不同节的页脚设置不同的页码。

4. 页眉设置

页眉指页面正文顶部，一般书写文档标题、作者等信息。打开方式与页脚类似，双击页面顶部页眉位置，或单击"插入"→"页眉页脚"，在新增的页眉页脚菜单中单击"页眉"，输入页眉信息，如作者等。修改页眉页脚与正文的距离，单击"页眉页脚选项"进入详细设置，如奇偶页不同等。

如果页眉内容是各章标题，使用"域"的方式自动生成。每章的标题也就是样式的"标题 1"。单击"页眉页脚"中的"域"弹出对话框，选择域名为"样式引用"，在右边的"样式名"下拉菜单中选择"标题 1"，勾选"插入段落编号"复选框则显示标题的编号，如图 3-21 所示，单击"确定"按钮。

5. 目录

目录是自动生成的。设置目录前要完成各级标题的样式设置，不同页

自动生成目录

面设置分节符和页码。单击"引用"→"目录"可选择预设目录样式,也可单击"自定义目录"设置目录显示的样式级别等。

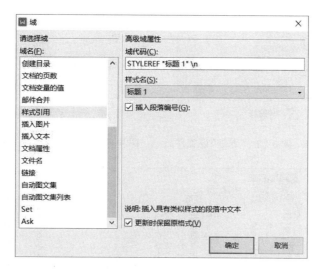

图 3-21　页眉设置"域"值为带编号的章标题

3.6.3　【实验 3-3】题注和交叉引用

论文中有多个图片,每个图片如果手工编号,一旦插入一幅新图片,就要手工修改所有编号。解决这个问题,要使用"题注"和"交叉引用"。题注是给文章中的图片、表格、公式等项目自动添加编号和名称,交叉引用指在文章中引用题注内容,包括编号、标签、整项题注等。此外,期刊论文经常会使用脚注、尾注等,毕业论文可能会插入图目录、表目录等,这些功能均在"引用"菜单中,请读者自行练习。本节介绍如何插入题注和引用题注。

"引用"菜单如图 3-22 所示。

图 3-22　"引用"菜单

1. 插入题注

右击题注对象如论文中的图形或表格,在快捷菜单中选择"题注",也可单击题注对象后选择菜单"引用"→"题注",均可弹出题注设置的对话框。

单击"标签"下拉菜单选择题注类型(如"图表"),单击"新建标签"按钮可新建自定义题注名称(如"图"),在题注文本框中输入题注文字。图形题注的位置一般选择"在所选项目下方",表格题注一般选择"在所选项目上方",如图 3-23(a)所示。在单击"编号"按钮弹出的对话框中可自定义编号格式,如勾选包含章节编号,选择分隔符、编号格式等,如图 3-23(b)所示。

2. 生成图/表目录

图片、表格等题注标签内容均可以生成相应的目录,且生成目录的方法类似。单击菜单"引用"→"插入表目录",弹出图 3-24 所示的对话框,选择题注标签如"图",确定后自动生成题注为图的目录。

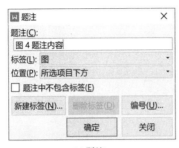
(a) 题注

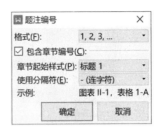
(b) 题注编号

图 3-23 "题注"设置界面——图片自动按章节编号

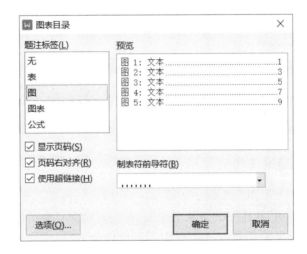

图 3-24 插入图表目录

3. 交叉引用

在论文中要引用题注内容的位置，单击"引用"→"交叉引用"，在弹出的对话框中单击"引用类型"下拉菜单选择要引用的题注如"图"，引用内容选择显示范围如"仅标签和编号"，在"引用哪一个题注"中选中要引用的题注，如图 3-25 所示，选中第一行题注，单击"插入"按钮后该位置显示"图 1-1"。

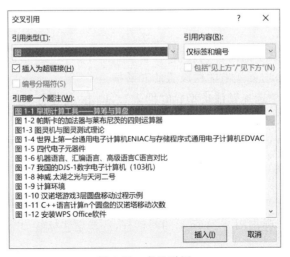

图 3-25 交叉引用

4. 更新域

当在文档中插入新的图或表格，导致目录或引用与题注不一致时，要更新交叉引用及目录。按"Ctrl+A"组合键选中全部文档，右击，在弹出的快捷菜单中选择"更新域"，在弹出的"更新目录"对话框中选择"更新整个目录"单选按钮，如图 3-26 所示。

图 3-26　更新域——更新交叉引用与目录等内容

3.6.4　【实验 3-4】批量制作证书

工作中经常要批量生成一些文件，如邀请函、准考证、荣誉证书等，每个文件的格式基本相同，只是姓名等不同，我们可以使用文字处理的"邮件合并"功能实现自动填充。

邮件合并必须有两个文件：一个是证书模板，设计证书样式和要填充的域；另一个是证书文件，数据源表格中保存要添加的姓名等域值，每个证书中的信息占一行，保存表格要使用 Excel97-2003 格式，文件扩展名为 xls。Word 文档的证书模板与 Excel 数据源示例如图 3-27 所示。

图 3-27　证书 docx 与数据源 xls 文件示例

1. 批量生成证书

单击"引用"→"邮件"，显示"邮件合并"菜单，如图 3-28 所示。

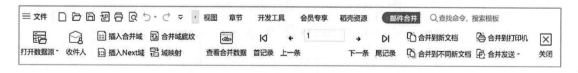

图 3-28　"邮件合并"菜单

单击"打开数据源"，在弹出的对话框中选择 Excel 数据源文件(.xls)，依次单击插入值的位置，选择菜单"插入合并域"，在弹出的对话框中选择数据源中的标题行字段，如图 3-29(a) 所示,在"同学"前面插入数据源的"姓名","荣获"后面插入数据源的"获奖等级",完成后在弹出的对话框中选择要合并的记录范围,如图 3-29(b)所示,选择合并记录为"全部"。

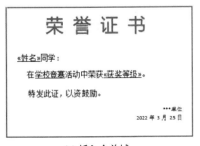  

(a) 插入合并域　　　　　　　(b) 合并到新文档　　　　　(c) 合并到不同新文档

图 3-29　文档插入合并域及合并记录范围

确定后选择"合并到新文档"(一个文件)或图 3-29(c)所示的"合并到不同新文档"(一个文件夹的多个文件),两种合并方式合并后的效果如图 3-30 所示。

(a) 合并到新文档

(b) 合并到不同新文档

图 3-30　合并到一个新文档或一个文件夹的多个新文档

2. 批量发送邮件或微信

邮件合成后,可选择通过邮件或微信方式发送给学生,如图 3-31 所示。邮件发送时选择邮箱列作为收件人,如果用微信发送则数据源文件还要增加手机号码列。按向导配置后会启动本地默认的邮件程序或微信程序发送。也可以"合并到打印机"批量打印。

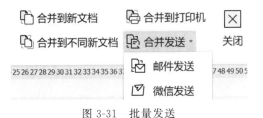

图 3-31　批量发送

3.6.5 【实验 3-5】报告演示

演讲时经常用幻灯片演示核心重要信息。优秀的幻灯片能够让观众抓住重点,更好地理解报告人传递的信息。本节仅讨论几个常见应用。

1. 幻灯片设计

"设计"菜单栏提供了丰富的功能,如图 3-32 所示,可选择预设主题风格、统一字体、配色方案等。

图 3-32 幻灯片"设计"菜单

① 幻灯片尺寸设计。幻灯片的尺寸适应投影屏幕尺寸比例,才能有更好的显示效果。单击"设计"→"幻灯片大小"下拉菜单选择标准或宽屏,也可以自定义大小。16∶9 宽屏比例比较适合计算机屏幕,4∶3 近似方形的比例比较适合大多数投影屏幕。

② 母版设计。幻灯片母版有多个版式的格式,单击"编辑母版",在母版中更改的样式会自动更新到各页面。

③ 动画与切换。"设计"菜单对页面内的对象设置"飞入""出现""百叶窗"等动态效果,并可调整动态顺序、动态行为。"切换"指页面切换时出现"平滑""淡出""溶解"等动态效果。

2. 插入元素与对象

在幻灯片中可以插入表格、图片、形状、艺术字、符号、公式等丰富元素,外部表格文档等各类对象,以及音频、视频等多媒体资源,菜单如图 3-33 所示。

图 3-33 幻灯片"插入"菜单

以插入数学公式为例,单击插入"公式"或插入"对象"→"公式",弹出公式编辑器窗口,如图 3-34 所示。

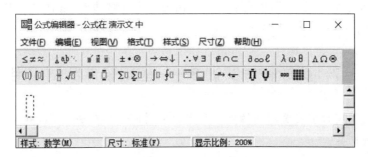

图 3-34 公式编辑器

单击公式编辑器中的各编辑框,再单击各公式符号,在下拉菜单中选择合适的公式样式,输入公式内容,编辑完毕后关闭窗口即可,以后双击可以再次打开公式编辑器编辑公式。

3. 动画

选中幻灯片中的对象,单击"动画"菜单,如图 3-35 所示,选择出现、飞入等动画效果,设置页面动画的播放方式,如单击播放、商业动画结束后 1 秒播放等。单击"动画窗格"显示所有已设置的动画,可调整顺序、设置效果选项等。

图 3-35 幻灯片"动画"菜单

4. 放映

"放映"页面提供演讲者放映方式选项,如图 3-36 所示。用户可选择播放范围,如"从头开始"或"当页开始"。排练计时可帮助演讲者计算时间,把握节奏。"隐藏幻灯片"可设置隐藏不播放的幻灯片等。

图 3-36 幻灯片"放映"菜单

5. 打印

打印幻灯片时,可以选择打印幻灯片的全部范围或自定义范围,打印内容选择幻灯片或讲义等,打印到可用的打印机。也可另存为 PDF 文件后打印 PDF 文件。

6. 保存为 PDF 文件

PDF 是 Adobe 公司开发的一种与操作系统平台无关的电子文件格式,是常见的文档格式,无论在哪种打印机上都能保证准确的打印效果。

一种保存方法:"文件"→"另存为"→"其它格式",在弹出的另存文件对话框中选择文件类型"PDF 文件格式(＊.pdf)"。

另一种保存方法:"文件"→"打印",在弹出打印窗口中选择打印机名称"Microsoft Print to PDF"或"导出为 WPS PDF",确定后也会弹出另存文件对话框,选择合适的存储位置,文件扩展名为 pdf。

3.7 头歌在线实训 3——应用软件实例应用

【实验简介】本实验主要练习图像处理与办公软件等常用软件应用,重点掌握论文排版任务。

【实验任务】登录头歌实践教学平台,完成本章多个实验,每个实验包括多关,每一关可以单独完成,也可以一次性完成,全部完成则通关。实验截止之前允许反复练习,取最高分。

头歌实践教学平台的登录与实验方法见附录。实验任务及相关知识见二维码。

拓展阅读

第 3 章
在线实训任务

习题与思考

1. 冯·诺依曼体系结构是什么？计算机的五大组成部分是什么？
2. 总线包括哪 3 种类型？一条指令是如何通过总线传递数据的？
3. 简述微机的多级存储结构。ROM 与 RAM 有什么区别？
4. CPU 的性能指标有哪些？什么是单核？什么是多核？
5. BIOS 是什么？什么时候工作？
6. 请查阅资料，了解 GPU 与显卡的关系。
7. 请查阅资料，了解目前常用的应用软件。
8. 请查阅资料，了解目前微机和个人移动设备中常用的音频接口。

第 4 章 操作系统基础

操作系统(Operating System,OS)是最底层的软件,能有效管理软硬件资源,合理组织工作流程,向用户提供服务,使用户方便地使用计算机,使整个计算机系统能高效运行。本章介绍了不同历史时期、不同应用环境中常用操作系统的类型与基本功能。

4.1 操作系统的分类

操作系统的种类很多,有多种不同的分类标准。

① 按应用领域,分为桌面操作系统(如 Windows、Linux、macOS)、服务器操作系统(如 UNIX、Linux、Windows Server、OpenEuler)、嵌入式操作系统(如嵌入式 Linux、Android、iOS、Harmony OS 等)、云操作系统(如 Linux、Windows 等)。

② 按用户接口,分为命令行界面操作系统(如 MS DOS)、图形用户界面操作系统(如 Windows)。

③ 按支持用户与任务数,分为单用户单任务操作系统(如 MS DOS)、单用户多任务操作系统(如 Windows)、多用户多任务操作系统(如 Linux、UNIX)。

④ 根据源码开放程度,分为开源操作系统(如 Linux)、闭源操作系统(如 Windows、macOS)。

⑤ 根据 CPU 字长,分为 16 位、32 位、64 位操作系统。

⑥ 按系统功能,分为批处理操作系统、分时操作系统、实时操作系统、网络操作系统、分布式操作系统、个人计算机操作系统、手机操作系统。批处理是早期系统,用户将程序及数据组成的作业成批交给系统后由系统逐个完成一批作业,目前已很少使用。分时操作系统将 CPU 时间划分为多个时间片,轮流接收处理多个用户输入的命令,提高 CPU 利用率。实时操作系统要求计算机对输入的信息以足够快的速度进行处理,并在一定时间内迅速作出反应和控制,如用于飞机自动导航系统等的实时控制系统。网络操作系统能够管理网络通信和网络共享资源。分布式操作系统负责管理分布式处理系统的资源和控制分布式程序的运行。个人计算机操作系统是运行在微机上的单用户多任务操作系统,一般采用图形用户界面,方便用户迅速操作和日常应用。手机操作系统运行在智能手机上,管理用户手机上的资源与程序。

拓展阅读

不同的操作系统

4.2 常用的操作系统

目前主要的操作系统有 Windows、Linux、UNIX、macOS、Android 和 iOS 等,近年来我国也自主开发了操作系统,如鸿蒙、欧拉、麒麟等。

1. MS DOS 与 Windows

DOS(Disk Operation System)是早期个人计算机使用的单用户单任务的命令行界面操作系统，通过命令行方式执行软件，执行完一个命令后方可执行下一个命令。目前仅在 Windows 操作系统中保留"命令提示符"功能打开 DOS 窗口。

Windows 是基于单用户多任务的图形用户界面的操作系统，操作方便，个人用户普及率高，能支持大多数应用软件。系统版本经历了从 Windows 95/98/2000、Windows XP/Vista、Windows7/8 到 Windows10/11 的发展，目前个人用户以 64 位的 Windows10 及 Windows11 为主。面向服务器开发了多个网络操作系统版本，包括 Windows NT Server、Windows Server 2000/2003/2008/2012/2016，2021 年年底发布了 Windows Server 2022。

2. UNIX 与 Linux

UNIX 操作系统是多用户多任务的操作系统，具有较好的可移植性，可运行于微机、小型机、大中型机等不同类型的计算机上，在全世界应用广泛，如工程应用和科学计算等领域。UNIX 系统的绝大部分程序是用 C 语言编写的，网络协议使用 TCP/IP(它们至今仍然是全世界广泛使用的高级语言和网络协议)。目前常见的 UNIX 版本有 Sun Solaris、FreeBSD 等。

Linux 操作系统是一种类 UNIX 操作系统的自由软件，支持多用户多任务，具有字符界面和图形界面，可运行在多种硬件平台上，Linux 服务器广泛应用于网络。Linux 还可作为嵌入式操作系统。每个基于 Linux 的操作系统都包含 Linux 内核(管理着硬件资源)和一组软件包(构成了操作系统的其余部分)。Linux 的发行版本较多，常见的个人操作系统有 Ubuntu、Fedora、Debian，常见的服务器操作系统有 CentOS、Redhat Enterprise 等。

3. macOS

macOS 是一套由苹果开发的运行于 Macintosh 系列计算机上的操作系统，基于 UNIX 内核，一般情况下在非苹果计算机上无法安装。macOS 是首个在商用领域成功的图形用户界面操作系统。2022 年 10 月发布了 macOS 13。

4. iOS 与 Android

iOS 是苹果公司的移动操作系统，iphone、iPad 等均使用 iOS，属于类 UNIX 的商业操作系统。

安卓是一种基于 Linux 内核(不包含 GNU 组件)的自由及开放源代码的操作系统，应用在大多数智能手机和平板电脑等移动设备上。2007 年 11 月，Google 与 84 家硬件制造商、软件开发商及电信营运商组建开放手机联盟共同基于 Linux 研发了 Android 系统。随后 Google 以 Apache 开源许可证的授权方式，发布了 Android 的源代码。

5. 鸿蒙与麒麟等国产操作系统

国产操作系统大多是基于 Linux 二次开发的，如红旗 Linux 是中国较大较成熟的 Linux 发行版本之一，Euler(华为欧拉服务器操作系统)是一个面向企业级的通用服务器架构操作系统，中标麒麟(NeoKylin OS)、银河麒麟(Kylin OS)基于 Linux 内核，针对国产 CPU 平台自主开发了多款桌面及服务器操作系统产品，在政府机关、金融、教育等很多地方都有较广泛的应用。

2019 年 8 月在华为开发者大会上，华为公司发布了 Harmony OS(鸿蒙操作系统)，2021 年正式推向用户。Harmony OS 是基于微内核面向全场景的分布式操作系统，可实现跨终端无缝协同体验，包括手机、手表、平板电脑、笔记本计算机、智能家电等设备，未来有望构建出一个庞大的鸿蒙生态，让国产操作系统走向世界。

4.3 操作系统的功能

操作系统管理计算机的硬件以及软件的运行,主要包括五大基本功能:处理机管理(进程管理)、存储管理(内存管理)、文件管理、设备管理、用户接口。现代操作系统还包括网络通信与安全机制等功能。

4.3.1 进程管理

处理机管理负责程序的运行和调度,确保CPU计算资源的高效利用,主要指进程管理。

1. 进程与线程——协同

进程(Processing)是程序的一次执行过程,是操作系统进行处理器调度和资源分配的基本单位。执行程序时将程序加载到内存,此时系统就创建了一个进程,所谓结束程序就是结束进程。若一个软件被同时打开多个(如浏览器文件),则系统就创建了多个进程,每个进程都有唯一的进程号。

线程(Thread)是进程内的一个执行单元,是操作系统中的基本执行线索和调度单位。一个进程中可以并发多个线程,同时完成进程的不同任务并共享该进程的内存、外设等资源。

进程在运行中不断地改变运行状态。通常,一个进程具有就绪、运行、阻塞3种基本状态。

① 就绪状态。当进程已分配到除CPU以外的所有必要资源后,只要再获得CPU,便可立即执行,这个状态称为就绪状态。一个系统中处于就绪状态的进程可能有多个,通常将它们排成一个队列(先进先出),称为就绪队列。

② 运行状态。运行状态指进程已获得CPU,其程序正在执行的状态。单CPU系统中只能有一个进程处于执行状态。当CPU时间片结束时,该进程会返回就绪队列,排队等待下一次获得CPU。

③ 阻塞状态。阻塞状态指进程由于等待某个事件发生而暂停执行的状态,也称为挂起状态。

进程的3种状态及其转换如图4-1所示。当阻塞进程获得资源后要进入就绪状态,不能直接回到运行状态。

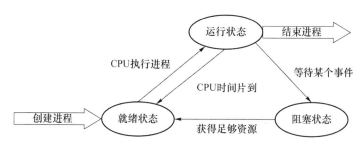

图 4-1 进程的3种状态及其转换

2. 并发与并行——协同

操作系统的一个时间段中有多个进程都处于3种状态之一,但是任一CPU时间片上只有一个进程在运行。这是CPU的分时处理功能实现的并发控制。CPU给每个进程分配一定的时间片,时间片用完就会从就绪状态中执行另一个进程。这个时间片非常小,CPU速度非常快,所以看起来好像是所有进程在同时被执行,也称为"并发"。例如,我们边上网边用QQ聊天,CPU几微秒完成网页下载,几微秒传递QQ消息,因为轮流工作的间隔很短,人眼看到的是同时上网及聊天。

并行处理(Parallel Processing)是在多核CPU支持下能同时执行两个或多个处理的一种计算方法。并行处理的主要目的是节省大型和复杂问题的解决时间。例如,你边上网边聊天,一个CPU负责完成网页下载,一个CPU负责完成QQ消息的传递,同一时刻下载网页和传递QQ消息同时运行。并发与并行举例如图4-2所示。

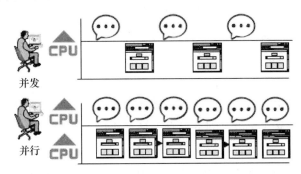

图4-2　并发与并行举例

4.3.2　内存管理

内存管理是将不同用户、不同程序的数据资源从外存存储的文件中动态加载到内存并进行有效的管理,其主要功能是实现对内存的分配与回收。本节仅介绍最常用的虚拟内存。

内存是CPU能直接寻址和访问的存储器,内存速度比较快但是容量相对较小。为了扩充内存,采用虚拟存储管理技术,将硬盘的一块空间管理起来,构成一个虚拟的存储器,称为虚拟内存,扩充了用户的内存空间。当程序运行时,将当前运行的一部分程序和数据放入内存,其他暂时不用的存放在外存中,操作系统负责内存与外存的数据交换。

在Windows中查看虚拟内存的方法:右击桌面"我的电脑",在快捷菜单中选择"属性"→"高级系统设置",显示如图4-3(a)所示的对话框。单击"高级"→性能中的"设置",弹出性能选项对话框。单击"高级"可看到虚拟内存的设置,如图4-3(b)所示显示为2 432 MB。虚拟内存一般是实际主存的1~2倍,单击"更改"按钮可更改虚拟内存的大小,自行设置各盘符中虚拟内存的大小。

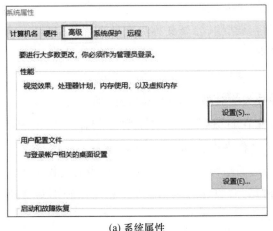

(a) 系统属性　　　　　　　　　　　　　　(b) 性能选项

图4-3　查看与更改虚拟内存

4.3.3 文件管理

文件系统(File System)用于保存和管理文件。磁盘与文件管理是存储体系的重要组成部分,是操作系统对硬件功能的重要扩展之一。信息被操作系统组织成文件,就像一本书,书中的文字图表是信息,而这些信息由书作为载体来整体管理,通过书的目录方便快速定位到具体内容。文件是操作系统管理信息的基本单位,用户只需关注文件名及文件内容。将文件存储在磁盘上以及将磁盘存储的信息还原成文件,这些工作都由操作系统来实现。本节从用户角度介绍文件系统。

1. 文件与目录

目录是磁盘上记录文件名字、文件大小、文件更改时间等文件属性的一个信息区域,相当于一个文件清单。磁盘格式化就是划分磁盘上的各个区域,建立文件系统。根目录是文件系统中的顶级目录。

Windows 操作系统将磁盘分为多个分区,如图 4-4(a)所示,磁盘划分为 C、D、E、F 等多个逻辑分区,C、D、E、F 称为"盘符",每个区的根目录是"盘符:\"。Linux 操作系统默认分为 3 个分区:/boot 分区、swap 分区和根分区,根目录是/,所有设备或分区都挂载到/下的指定位置,如/var、/home 等,如图 4-4(b)所示。

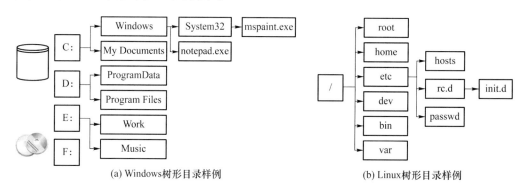

(a) Windows树形目录样例   (b) Linux树形目录样例

图 4-4 Windows 与 Linux 的目录结构

文件存放采用多级目录结构,又称为树形目录结构,目录又称为文件夹,每个目录下面可以有若干文件与子目录,子目录也称为子文件夹。

2. 绝对路径名与相对路径名

文件的路径指文件存放的位置,访问文件分为绝对路径和相对路径两种方式。

绝对路径名指从根目录开始直到文件所在目录的文件名全称。如图 4-4(a)所示,C:\Windows\notepad.exe表示 C 盘 Windows 文件夹中的 notepad.exe 文件。

相对路径名是指从当前目录到达文件所经历的路径及文件名全称。从当前进程正在使用的目录访问上一级目录(父目录),Windows 使用..\,Linux 使用../。相对路径书写样例如表 4-1所示。

表 4-1　相对路径名与绝对路径名示例

操作系统	当前目录	相对路径名	绝对路径名
Windows	C:\Windows	notepad.exe	C:\Windows\ notepad.exe
		System32\mspaint.exe	C:\Windows\System32\mspaint.exe
	C:\System32	..\notepad.exe	C:\Windows\ notepad.exe
Linux	rc.d	../hosts	/etc/hosts

3. 文件系统分区格式

不同的操作系统支持不同的文件系统,格式化分区时应注意选择合适的文件分区格式。主要的分区格式有 FAT32、NTFS、exFAT、Ext3、Ex4 等。

① FAT32。早期 Windows 系统识别,用于硬盘分区或 U 盘,可支持 512 MB～2 TB 的分区,单个文件大小不能超过 4 GB。

② NTFS。Windows 操作系统识别,提供了加密、权限等高级功能,单个文件大小可以超过 4 GB。

③ exFAT。支持多种操作系统,扩展 FAT,支持 4 GB 以上文件,适合闪存(U 盘)。

④ Linux 文件系统中主要使用的分区格式有 Ext3、Ext4、swap、VFAT 4 种格式。Ext3 与 Ext4 扩展文件系统是日志式文件系统,用作保存数据的磁盘分区;swap 文件系统专门用于交换分区,一般是主存的 2 倍,提供虚拟内存功能;VFAT 扩展文件分配表系统支持长文件名,并与 Windows 兼容,可以作为 Windows 与 Linux 交换文件的分区。

4. 文件的扩展名

文件的扩展名也称文件后缀名,一般用来表示文件类型。Windows 操作系统的注册表中会记录每个扩展名的类型与打开方式,当用户双击文件时选择默认的程序打开,如果找不到则弹出提示让用户选择程序。如图 4-5 所示,右击查看一个文件的属性,文件类型是"Microsoft PowerPoint 97-2003 演示文稿(.ppt)",默认打开程序是"PowerPoint",单击"更改"按钮可修改默认打开程序。

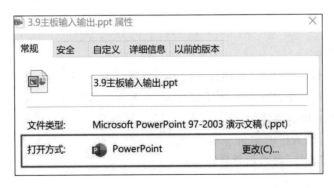

图 4-5　文件属性中的文件类型与"打开方式"

打开软件的另一种方式是右击文件名时选择"打开方式",这时能看到计算机中已安装的打开该文件类型的常用软件,例如,能够打开 ppt 文件类型的有微软的 PowerPoint、金山公司的 WPS 等。单击"选择其他应用"可选择所有软件并且修改默认打开程序。

4.3.4 设备管理

设备管理提供外界设备与主机之间的数据交互管理,设备包括键盘以及显示器等输入输出功能的设备。操作系统为每种类型的每个设备配一个唯一编号作为标识。当进程需要输入输出操作时,操作系统按照设备类型和分配算法分配合适的设备,使用完毕后回收。

应用程序是独立于物理设备的,如C++语言中使用cin表示输入设备,无须具体设备名。

1. 驱动程序

驱动程序(Driver)是硬件厂商根据操作系统编写的配置文件,以使计算机和设备进行相互通信。例如,显卡、声卡、扫描仪、摄像头等都需要安装驱动程序才能工作,若驱动程序未能正确安装,会无法识别这些设备或工作异常。如图4-6(a)所示为设备管理属性中的显卡驱动程序信息,可在该对话框中完成驱动程序的更新、设备的卸载等操作。

有些设备如多数U盘是即插即用(Plug and Play)设备,所谓即插即用是指在增加硬件后,系统可以自动发现和配置新添加硬件的工作方式。即插即用并不代表不需要安装驱动程序,而是系统能够判断出相应的设备驱动程序并实现驱动程序的自动加载。

(a) 查看设备属性——驱动程序

(b) 设备管理器

图 4-6 设备管理器中的设备驱动程序

2. 查看设备属性

Windows使用"设备管理器"管理计算机上的设备,如查看和更改设备属性或设备驱动程序、配置或卸载设备等。在Windows中,右击"我的电脑",选择"属性"→"设备管理器",或选择"开始"菜单→"Windows管理工具",在弹出的"计算机管理"窗口中单击"设备管理器",如图4-6(b)所示。单击列表中的箭头可展开查看具体的设备列表,右击设备名称选择"扫描检测硬件改动"或查看"属性"观察设备具体信息。

4.3.5 用户接口

用户接口(User Interface)提供人机交互接口,便于操控计算机并提交计算任务。用户可通过3种方式使用计算机:命令行接口、图形用户接口、系统调用。

1. 命令行接口

命令行接口(Command Line Interface,CLI)是操作系统提供的一组联机命令接口,允许用户通过键盘输入有关命令来取得操作系统的服务,并控制用户程序的运行,如上面介绍的"cmd 命令提示符"。每个命令以命令行的形式输入,一个命令行由命令动词和一组参数构成,指示操作系统完成规定功能,如"cd C:\"表示将当前目录切换到 C 盘根目录。

此外,用户也可预先把一系列命令组织在一个文件中,扩展名为 bat,执行该文件时将逐个执行文件中的命令,该文件称为批处理文件。

2. 图形用户接口

图形用户接口(Graphical User Interface,GUI)采用图形化的操作界面,引入形象的各种图标、按钮或菜单,将系统的各项功能、各种应用程序和文件直观地表示出来。用户可通过鼠标选择窗口、菜单和滚动条等完成对作业和文件的各种控制和操作。

图形化操作界面又称多窗口系统,采用事件驱动的控制方式,用户按键或点击鼠标等动作都会产生一个事件,通过中断系统引出事件驱动控制程序工作。每个窗口最上方都有标题,右上角有最大化、最小化、关闭按钮,下面显示菜单及内容等,其中只有一个"活动窗口",就是当前正在工作的窗口。

3. 系统调用

操作系统提供了一组系统调用(System Call,SC),这是操作系统提供给应用程序的一种接口,用来调用内核提供的服务和功能。在应用程序中通过系统提供的应用程序接口(Application Programming Interface,API)调用操作系统的服务和功能,获得操作系统的底层服务,使用或访问系统管理的各种软硬件资源。

在 C++程序中,windows.h 文件包含了 Windows 常用的 API,MessageBox 是一个 API 函数,表示对话框,在函数后面的圆括号内输入参数后,运行得到结果,弹出一个消息框,标题栏显示"hi!",消息文字显示"Hello",按钮为默认的"确定",如图 4-7(a)所示。

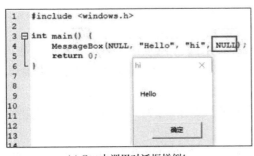

(a) C++中调用对话框样例1

(b) C++中调用对话框样例2

图 4-7　C++中调用对话框样例

修改图 4-7(a)中第 4 行最后一个参数为"MB_YESNO",则运行后有两个按钮:是或否,如图 4-7(b)所示。MessageBox 是 API 自带函数,用户只需了解各参数的作用和用法,就能快速完成程序设计应用。

4.4　云计算与云操作系统

云操作系统(Cloud OS)是以云计算、云存储技术作为支撑的操作系统。与传统操作系统相比,好像高效协作的团队与个人。传统操作系统管理单机的硬件与软件资源,而云操作系统通过管理整个云计算数据中心的软硬件设备,在云计算环境中快速搭建各种应用服务。云操作系统先将管理资源抽象成计算资源池、存储资源池、网络资源池等,然后进一步通过虚拟化工具组合出虚拟机这个对象。

云计算通过互联网访问定制的 IT 资源共享池,并按照使用量付费。资源可以是网络、服务器、存储、应用、服务等。借助于云计算,用户可随时随地开展工作,如在线文档、云相册等。

4.4.1 云计算的关键技术

云计算技术是计算机技术和网络技术的发展融合,主要包括虚拟化、网格计算、并行计算、效用计算、自主计算、负载均衡等技术。

① 虚拟化是一种资源管理技术,实现计算机硬件的抽象,资源的分配、调度和管理,使用户更好地利用这些资源。在虚拟化技术中可以同时运行多个操作系统,在每个操作系统中都有多个程序运行,每个操作系统都运行在一个虚拟的 CPU 或虚拟机上。

② 网格计算是由地理位置相对分散的计算机组成的"虚拟超级计算机"。参与计算的每台计算机都是一个节点,整个计算是由若干节点组成的网格。网格计算模型具有超数据处理能力,采用分布式计算,充分利用网络上的空闲处理能力,提供云计算支持的基本框架。

③ 并行计算指将一个科学计算问题分解为多个小的计算任务,并将小的计算任务在并行计算机中执行,采用并行处理方式快速解决复杂计算,实际上是一种高性能计算。

④ 效用计算指提供计算资源的技术。用户基于实际使用的资源付费。计算资源包括服务器、数据库、存储、平台、架构及应用等。

⑤ 自主计算指信息系统能够自动管理,如自我监控、自我配置、自我优化、自我恢复等。

⑥ 负载均衡是一种服务器或网络设备的集群技术。负载均衡指根据网络实际情况将负载分摊给多个服务器和网络设备,从而提高业务处理能力。

4.4.2 云计算的应用领域

云计算在金融、医疗、教育、交通等多个领域迅速发展,主要应用包括以下几个方面。

① 云教育。流媒体平台采用分布式架构部署,分为 Web 服务器、数据库服务器、直播服务器和流服务器等,满足远程线上直播和录播课程学习的需求。

② 云存储。能够管理数据的存储、备份、存档,方便用户异地学习与办公,降低数据丢失率。

③ 虚拟云桌面。利用桌面虚拟化技术,系统管理员统一管理服务器端的桌面环境,也可根据人员类别定制专属界面和软件,降低客户端硬件及软件成本,满足客户漫游移动办公等需求。

④ 私有云。满足企业内部的 Web 应用程序、数据备份、大数据分析等功能的应用及扩展。

4.4.3 云计算的分类与发展

1. 公有云、私有云和混合云

云计算按网络结构分类,分为公有云、私有云和混合云。

① 公有云是所有人都可租用的云,能够在大范围内实现资源优化,如游戏、教育等领域。

② 私有云是为一个用户或企业单独使用而创建的云,提供对数据、安全性和服务质量的最有效控制,一般部署在企业内部,实现小范围内的资源优化,如金融、医疗政务等领域。

③ 混合云是公有云和私有云的混合,能够充分利用公有云与私有云的优势,实现弹性灵活部署。

2. IaaS、SaaS 和 PaaS

云计算按服务类型可分为 IaaS、SaaS 和 PaaS。

IaaS(基础架构即服务)提供给用户的服务是虚拟化硬件,用户自己管理和控制操作系统和软件。

SaaS(软件即服务)提供给用户的服务是运营在云上的应用程序,用户不需要管理或者控制任何软硬件,常见的 SaaS 有协作应用程序 Google Apps、云储存 Dropbox 等。

PaaS(平台即服务)提供的服务是软件研发平台,面向应用程序的开发员、测试员、部署人员和管理员。常见的 PaaS 有 Java/Python 开发人员偏爱的 GAE、企业级用户 Windows Azure 等。

全球领先的信息技术研究和顾问公司 Gartner 调查显示,SaaS 市场是迄今为止最大的市场。

从云服务厂商的市场份额看,市场调研机构 Canalys 发布的 2022 年第一季度中国云计算市场报告显示,2022 年第一季度中国云市场总体规模达到 73 亿美元,排名前四的云服务厂商是阿里云、华为云、腾讯云、百度智能云,共同占据了 78.8% 的市场份额。

4.5 操作实验——操作系统进阶

4.5.1 【实验 4-1】Windows 进程与线程管理

1. 查看进程与线程

每个进程有一个编号,称为进程 ID(Process ID,PID)。Windows 操作系统通过"任务管理器"查看进程(按"Alt+Ctrl+Delete"组合键,也可右击任务栏,在快捷菜单中选择)。在"任务管理器"中默认显示进程名称及占用的 CPU、内存等情况,右击表头"选择列"选中更多信息,如 PID,切换到"详细信息"可看到每个进程的线程数量。图 4-8 展示进程中的 Google Chrome(谷歌浏览器)有多个进程的 PID,PID 为 18472 的进程共有 14 个线程。

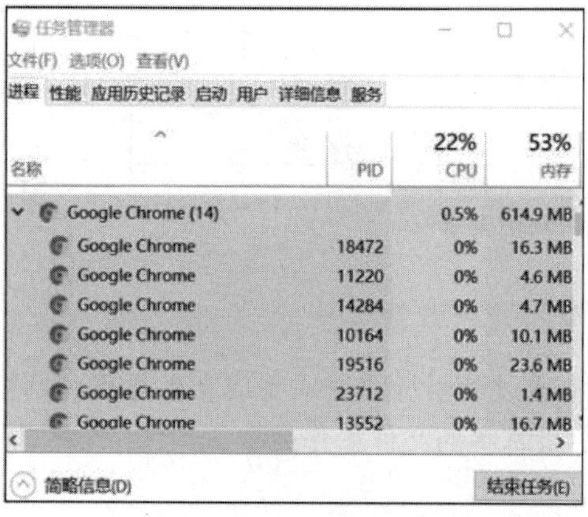

(a) 在任务管理器中查看"进程" 　　　　(b) 在任务管理器中查看"线程"

图 4-8　在 Windows"任务管理器"中查看进程与线程

2. 关闭进程

右击选中的进程名,选择"结束任务"可强制结束应用。或者转到"详细信息"后右击进程名,选择"结束任务"。关闭应用程序进程可以强制结束程序,如果关闭系统关键进程则可能会导致系统无法正常运行。

4.5.2 【实验4-2】Windows 环境变量配置

操作系统的环境变量包含了应用程序所在的完整路径,分为用户变量和系统变量,用户变量只对当前用户有效,而系统变量对所有用户有效。系统执行程序时如果在当前目录找不到文件,会到系统变量 PATH 中依次寻找每个变量的路径,如果在系统变量所有 PATH 路径中都找不到,再到用户变量 PATH 路径中寻找。如果都找不到,会提示错误"不是内部或外部命令,也不是可运行的程序或批处理文件"。

在 Windows 中查看所有环境变量的命令是 path,如图 4-9 所示,输出变量 PATH 值,包括环境变量中所有应用程序目录的绝对路径,它们之间用分号分隔。

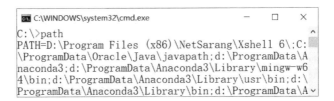

图 4-9 在 Windows 中用命令提示符"path"查看所有环境变量

图形化查看环境变量时,右击"我的电脑",选择"属性"的"高级系统设置",在弹出的对话框中选择"环境变量",在弹出的对话框中双击系统变量中的 path,弹出如图 4-10 所示的"编辑环境变量"对话框。单击右边的按钮可以完成新建、编辑、浏览、删除环境变量等操作。

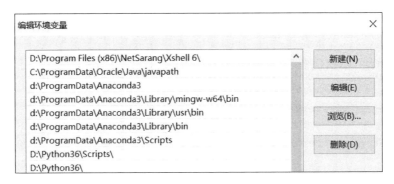

图 4-10 编辑环境变量

4.5.3 【实验4-3】Linux 文件操作命令

Linux 系统稳定,适合作为服务器,因此经常通过命令行的方式完成文件操作、软件安装、脚本运行、服务器配置与启动等工作。本节介绍最基本的文件操作命令。

1. 切换目录——pwd 与 cd

pwd(Print Working Directory)命令的主要作用是显示当前工作目录的完整路径,在一般情况下不带任何参数,如图 4-11 所示,输入 pwd 回车后输出窗口的当前工作目录/home/

headless。

cd(Change Directory)命令的主要作用是切换当前目录。cd 命令后面书写要切换的目录名，可以是绝对路径，也可以是相对路径。如图 4-11 所示，三次 cd 命令分别切换当前目录为根目录、/etc 目录、/etc 的父目录即根目录。

```
root@vnc-16391342:~# pwd
/home/headless
root@vnc-16391342:~# cd /
root@vnc-16391342:/# pwd
/
root@vnc-16391342:/# cd /etc
root@vnc-16391342:/etc# pwd
/etc
root@vnc-16391342:/etc# cd ..
root@vnc-16391342:/# pwd
/
```

图 4-11　pwd 与 cd 命令

2. 浏览文件属性——ls 与 ls -l

查看目录中全部文件及子目录名称的命令是 ls(ls 是 list 的缩写)。输入 ls 命令可查看当前目录下的全部文件与子目录，图 4-12 显示了根目录中的所有文件与子目录，子目录与文件的颜色不同。如果要查看其他目录的文件信息，则在 ls 后面输入空格和路径，如 ls/home 显示/home 下的所有文件与子目录。

查看更详细的文件信息，用 ls 命令带参数 -l(long 的缩写)或 ll 命令(两个小写字母 l，list long 的缩写)。每个文件属性信息占一行，包括 10 个字符的文件类型与用户权限、文件个数、文件创建用户名、用户所属用户组名、文件大小(字节)、修改时间与日期、文件名，如图 4-12 所示。

在第一列 10 个字符中，第一个字符代表文件类型，d 表示目录(Directory)，-表示普通文件。接下来每三位为一组，每组表示读写执行权限：r(Read,读)、w(Write,写)、x(Execute,可执行)、-(无权限)。第一组表示当前用户权限，第二组表示当前用户所在用户组用户权限，第三组表示其他用户组用户权限。如图 4-12 所示，"-rw-r--r--"表示"afile"是普通文件，当前用户可读写，其他用户只读，"drwxr-xr-x"表示 bin 是目录，当前用户权限为可读、可写、可执行，其他用户权限为只读和可执行。

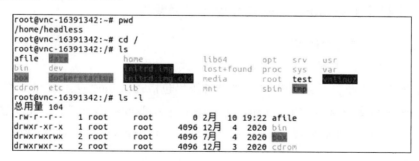

图 4-12　Linux 下 ls 与 ls -l 命令浏览目录信息

3. 文件复制、移动与删除——cp、mv 与 rm

cp(Copy)命令用来复制文件。格式为"cp 源文件名 目的文件名"，文件名可用相对路径或绝对路径，若目的文件名仅写目录，表示复制到该目录下，文件名不变；若目的文件名仅写文件名,表示复制到当前目录中。例如,"cp dt.jpg/home"表示将当前目录的 dt.jpg 文件复制到/home/dt.jpg,"cp dt.jpg dt2.jpg"表示将当前目录的 dt.jpg 文件复制到当前目录中并取名为 dt2.jpg。

mv(Move)命令用来移动或重命名文件。格式与 cp 相同,例如,"mv dt.jpg/home"将当前目录的 dt.jpg 文件移动到/home 目录下,"mv dt.jpg a.jpg"将当前目录的 dt.jpg 文件重命名为 a.jpg。

rm(Remove)命令用来删除文件。格式为"rm 文件名",例如,"rm dt.jpg"删除当前目录的 dt.jpg 文件。

更多涉及复杂操作的参数,请读者自行查阅资料。

4. 目录新建、复制与删除

mkdir(Make Directory)命令用来新建一个目录,例如,"mkdir d"表示在当前目录中新建一个子目录 d。

复制目录使用 cp 命令,增加参数-r,例如,"cp -r d/usr"表示将当前目录的子目录 d 复制到/usr 中。

移动目录使用 mv 命令,例如,"mv d/usr"表示将当前目录移动到/usr 中。

删除目录使用 rm 命令,增加参数-r,例如,"rm -r d"表示删除当前目录的 d 子目录。

5. 修改文件属性——chmod

chmod(change mode)修改文件属性的格式为"chmod 属性值 文件名"。文件属性包括 10 位,第一位用 d 表示目录,-表示文件,接下来的 9 位分为 3 组,分别对应当前用户、同组用户、所有用户的权限。每组取值为 r、w、x、-,表示读、写、可执行、无权限,用二进制 1 表示有权限,二进制 0 表示无权限,将每三位转换成整数。

例如,命令"chmod 777 dt.jpg",777(二进制的 111111111,对应权限为 rwxrwxrwx)表示将 dt.jpg 文件属性修改为所有用户组的所有用户拥有全部权限(可读、可写、可执行)。如命令"chmod 754 dt.jpg",754(二进制的 111101100,对应权限为 rwxr-xr--)表示将 dt.jpg 文件修改为当前用户拥有全部权限,同用户组用户拥有可读和可执行权限,其他用户组用户仅有只读权限。

4.5.4 【实验 4-4】Linux 的软件管理与进程管理

1. Linux 操作系统的软件管理

在 Linux 操作系统中,软件安装主要有 3 种方式。

① 源码安装。下载源码到本机,常见的软件源码包格式为.tar.gz、.tar.bz2 等,解压缩后通过 configure 命令配置文件,如"./configure --prefix=/home/nginx"表示先设置软件的安装目录为/home/nginx,然后通过"make"命令对源码进行编译,最后通过"make install"命令生成可执行文件。

② 软件包安装。下载已经编译好的可执行文件包,然后使用对应的包管理工具进行安装,不同 Linux 系统使用不同的包管理工具,如 Ubuntu/Debian 系统使用 dpkg 管理软件包(软件包后缀为.deb),Redhat/CentOS 系统使用 rpm 管理软件包(软件包的后缀为.rpm)。

③ 互联网在线安装。在线安装比较简单方便,只需要一条命令完成所有的操作,如

Ubuntu/Debian 系统使用 apt-get，Redhat/CentOS 系统使用 yum。

Linux 软件的卸载方法也有多种，请读者自行查阅资料并实践验证。

2. Linux 操作系统的进程管理

在 Linux 操作系统中，"系统监视器"的进程、资源、文件系统属性页分别查看进程状态、CPU 状态、各磁盘分区空间类型与大小等信息。以图 4-13 为例，图 4-13（a）显示了 Linux 中用图形界面的"系统监视器"查看的进程信息，图 4-13（b）显示了 Linux 用终端命令行方式输入"ps -aux"命令后显示的进程信息，图形界面中的 ID 与命令方式中的 PID 都指进程号，如 firefox 的进程号是 468。

(a) Linux"系统监视器"查看进程　　　　(b) 利用 Linux "ps -aux" 命令查看进程

图 4-13　Linux 下查看进程的两种方法

结束进程可以右击"系统监视器"的进程名，在弹出的快捷菜单中选择"结束进程"，也可在终端命令行方式下输入 kill 命令结束进程，常用形式为"kill 468"表示关闭 468 进程号的进程，"kill -9 468"表示强制关闭 468 进程号的进程。

4.6　头歌在线实训 4——Linux 操作系统的常用命令及管理

【实验简介】本实验以银河麒麟 v10 桌面操作系统为例，练习 Linux 文件操作、进程管理、软件管理等常用操作，理解操作系统的文件系统目录结构、权限控制、进程控制。

【实验任务】登录头歌实践教学平台，完成本章多个实验，每个实验包括多关，每一关可以单独完成，也可以一次性完成，全部完成则通关。实验截止之前允许反复练习，取最高分。

头歌实践教学平台的登录与实验方法见附录。实验任务及相关知识见二维码。

拓展阅读

第 4 章
在线实训任务

习题与思考

1. 简述操作系统的主要功能。
2. 常用的操作系统有哪些？简述它们的主要特点和应用环境。
3. 相对路径与绝对路径指的是什么？常用软件的扩展名有哪些？

4. 进程与线程有什么区别？如何查看和关闭进程？

5. 虚拟内存有什么作用？

6. 桌面的图标有什么作用？如何通过桌面上一个应用程序的图标找到该软件的安装目录？

7. 有些软件安装时要求设置环境变量，请问环境变量的作用是什么？

8. 云计算的关键技术有哪些？

9. 上网了解任意一个国产云提供的云服务，如华为云、阿里云、百度云等。

第 5 章 计算机网络与 Internet 应用

随着 Internet 的普及,网络已进入每个人的工作与生活中。本章介绍网络组成的基本原理、常用的 Internet 网络模型及网络应用。

5.1 计算机网络的基本概念

5.1.1 网络的定义

计算机网络是使地理位置不同、功能独立的多台计算机等设备,通过硬件(线路、设备)连接实现信号的转发,通过软件(网络操作系统、网络协议等)实现数据通信、资源共享、协同工作等功能。

5.1.2 网络的分类

计算机网络有多种分类方法,常见的分类方法主要有以下几种。

1. 按计算机网络覆盖范围分类

按一个网络覆盖的地理范围,分为局域网、城域网和广域网。

① 局域网(Local Area Network,LAN)一般是个人或单位组建的,覆盖范围比较小,全部采用数字信号,传输质量比较高。

② 城域网(Metropolitan Area Network,MAN)一般是一个城市范围内的骨干网,与局域网技术基本相同,采用高速率通信介质如光纤保证传输质量。

③ 广域网(Wide Area Network,WAN)又称公网,覆盖范围通常很大,可以连接不同地区,远距离传输时易存在信号受干扰现象。

不同网络之间可以以一组通用的协议相连,形成逻辑上的单一网络,称为互联网。目前世界上最大的互联网是 Internet(因特网/互联网)。

我国于 1994 年正式接入 Internet。目前,我国主要有三大经营性服务商(Internet Service Provider,ISP):移动(CMNet)、电信(ChinaNet)、联通(UNINet)。中国教育和科研计算机网 CERNET 是由国家投资建设,教育部负责管理,清华大学等高等学校承担建设和管理运行的全国性学术计算机互联网络,主要面向教育和科研单位,是全国最大的公益性互联网络。

2. 按传输介质分类

网络中可传输和识别信号的线路称为介质,分为有线传输介质和无线传输介质。使用有线传输介质的网络称为有线网,使用无线传输介质的网络称为无线网。

目前的有线传输介质主要包括双绞线、同轴电缆、光纤,如图 5-1 所示。

① 双绞线在局域网和传统电话网中普遍使用,目前在局域网中主要使用五类、超五类、六类双绞线等,能够支持百兆到千兆网速,内部由 4 对 8 根线扭绞而成,两端为 RJ45 水晶头,方

便设备的插拔。目前已出现七类、八类双绞线,支持万兆,主要用在高速宽带环境中。

② 同轴电缆一般用于家庭网络电视信号,由一根铜线和绝缘体包裹,可传输数字信号与模拟信号。

③ 光纤则主要用于网络中的骨干线路和远距离传输。光纤内部是传播光的玻璃芯。光纤的传输速率可达到 100 Gbit/s 甚至更高。

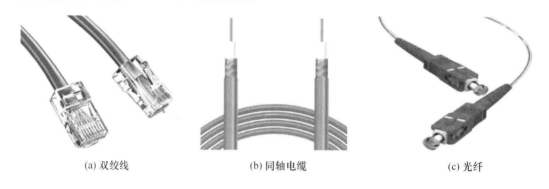

(a) 双绞线　　　　　　(b) 同轴电缆　　　　　　(c) 光纤

图 5-1　有线传输介质

无线传输介质是指利用各种波长的电磁波充当传输媒体的传输介质,主要包括无线、蓝牙、微波(电磁波)、卫星等方式,如图 5-2 所示。

① 无线指通过 Wi-Fi 连接到无线路由器后与其他设备通信,或者使用移动电话商的数字移动通信网络如 4G 等与其他设备通信。

② 蓝牙支持短距离(<10 m)设备间的数据通信,两个支持蓝牙的设备(如计算机、手机)经过配对后可发送或接收信号。

③ 微波通信是使用微波进行通信,当两点间直线距离内无障碍时就可以使用微波通信。微波通信具有容量大、质量好并可传至很远的距离的特点。

④ 卫星通信实际上也是一种微波通信,它以卫星作为中继站转发微波信号,在多个地面站之间通信。

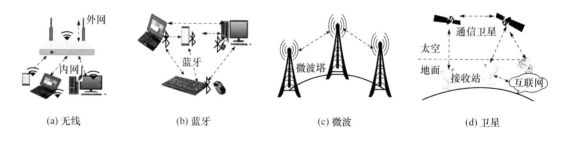

(a) 无线　　　　　(b) 蓝牙　　　　　(c) 微波　　　　　(d) 卫星

图 5-2　无线传输介质

3. 按传输速率分类

按网络信息每秒传输的信号量分类,分为低速网、中速网、高速网。低速网的数据传输速率为 300 bit/s~1.4 Mbit/s,这种网络通常是早期借助于调制解调器利用电话线通信;中速网的数据传输速率为 1.5~5 Mbit/s,这种网络主要是传统的数字式公用数据网;高速网又称宽带网,数据传输速率为 50~1 000 Mbit/s,是目前主要的数字网络。

4. 按拓扑结构分类

网络拓扑结构是指网络中的传输介质和节点(计算机、网络通信设备)用几何排列形式描述连接的方法。网络拓扑结构一般分为总线形、环形、星形 3 种,如图 5-3 所示。

① 总线形指所有节点通过一条总线连接的网络,信号在总线上广播发送给所有其他节点。

② 环形结构指所有节点依次相连组成一个环形,按一定方向顺序发送信号直到发给自己结束。

③ 星形结构是指由网络通信设备作为一个中心节点连接若干其他节点组成的星形,所有节点通过中心节点向其他节点发送广播信息。

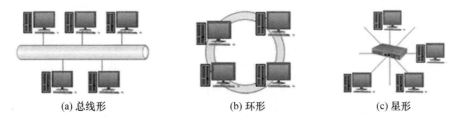

图 5-3　3 种网络拓扑结构

早期局域网主要包括总线形的以太网和环形的令牌环网,现在的局域网以星形拓扑为主,基于这 3 种拓扑结构拓展出树形结构和网络结构等更复杂的拓扑结构。

5.1.3　网络设备

网络中转发信号的设备主要包括网卡、集线器、交换机、路由器等。

1. 网卡

网卡又称网络接口卡(Network Interface Card,NIC),是连接计算机与传输介质的设备,很多微机内部集成网卡,也可外接网卡。每个网卡有全球唯一的 MAC 地址,又称物理地址,其由 48 位二进制组成,使用十六进制表示,如图 5-4 所示的"54-EE-75-B9-0B-DF"。

网卡以串行传输方式(按位)与传输介质交换物理信号,与计算机之间以并行传输方式(多位)交换数据,因此网卡在计算机与传输介质之间进行信号与数据的串行/并行转换。网卡一般安装驱动程序后方可被操作系统识别和使用。

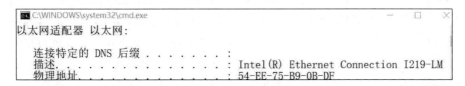

图 5-4　以太网网卡地址:54-EE-75-B9-0B-DF

根据传输介质的不同,网卡一般有双绞线网卡、同轴电缆网卡、光纤网卡、无线网卡等。根据带宽不同,网卡一般有 100 Mbit/s 网卡、10/100 Mbit/s 自适应网卡和 1 000 Mbit/s 网卡。根据总线接口类型的不同,网卡一般有 PCI 网卡、PCI-E 网卡、USB 网卡等类型,如图 5-5 所示。

(a) 10/100兆自适应PCI网卡　　　　(b) 万兆PCI-E网卡　　　　(c) USB无线网卡
(RJ45接口连接双绞线)　　　　　　(SPF+接口连接光纤)

图 5-5　不同类型的网卡

2. 集线器与交换机

局域网内的主要连接设备是集线器(Hub)、交换机(Switch),连接网络内部的计算机等各种终端。

集线器又称中继器,一般有 4 个、8 个、16 个端口,每个端口通过双绞线等线路连接到终端,实现信号的接收和转发。一个集线器内部相当于一条线路(信道),一次只能传输或接收一个信号(称为半双工),任何一个端口收到数据后将向所有其他端口复制发送,每个端口收到数据后,发送给连接的终端,由终端决定接收或丢弃信号,因此端口上所有设备共享带宽。

交换机的外形一般与集线器类似,内部则通过交换技术识别各端口连接设备的物理地址(MAC 地址),实现对目的端口的转发,并且能够同时发送和接收信号(称为全双工),因此端口上的所有终端均独享带宽,极大地提高了网速。目前局域网内的连接设备以交换机为主。交换机分为二层交换机与三层交换机,二层交换机基于 MAC 地址访问,只做数据的转发,三层交换机具有部分路由器功能。

3. 路由器

路由器(Router)是连接多个网络的设备,在网络间起网关(Gateway)的作用,局域网内设备要与其他网络互联时,需要通过路由器转发。每个局域网终端被分配一个独立的逻辑地址,类似固定电话号码格式,能够区分网络地址和内部主机地址。当向外网转发数据时,路由器根据目的地址判断其属于哪个网络,应向哪个端口转发到其他网络,如果是局域网内部则忽略。

5.1.4　网络协议与参考模型

网络系统将复杂任务分解成几个任务,分为多层完成。分层有利于提高工作效率和容错性,也能提供网络的可扩展性。为了协调各层的工作创建的一组规则,称为协议。网络通信实际上是两个终端设备(如微机、手机等)上的两个进程之间的通信,如 QQ 窗口、浏览器等。

国际标准化组织于 1985 年制定了网络互连模型标准,称为开放系统互连(Open System Interconnection,ISO)参考模型,全球范围内遵守该模型规则的计算机均可进行开放式通信。OSI 参考模型分为 7 层,每一层实现不同的功能,每一层向相邻上层提供一套确定的服务,并且使用与之相邻的下层所提供的服务。每一层的协议用来满足源终端与目的终端在该层的通信交互。当从源终端最高层(应用层)向目的终端最高层(应用层)发送信息时,由源终端的高层逐渐向下进行封装,每向下一层则在头部及尾部增加改增协议的要求,到达最底层(物理层)后,由物理层根据传输介质的不同发送电磁波或光波信号,中间经过若干设备(路由器、交换机等)转发后到达目的终端的物理层,再逐渐向上层解封,每一层按该层协议工作,去掉本层信息后上传给上一层,直到最高层应用层,如图 5-6 所示。

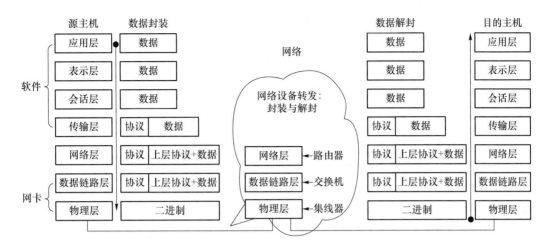

图 5-6 OSI 参考模型的数据传送过程示意图

OSI 参考模型从低层到高层分别为物理层、数据链路层、网络层、传输层、会话层、表示层与应用层。

① 物理层制定了传输介质的电压、接口等信号规则(例如,高电压对应 1,低电压对应 0),双绞线每个引脚的作用等。

② 数据链路层负责局域网内设备的可靠数据传输,当信号从一端发送到另一端时,数据链路层对每个数据的头部增加双方的物理地址等信息,末尾增加差错控制校验信息,称为一帧。网卡每接收一帧数据,解析后决定是抛弃还是上传给上一层。

③ 网络层负责将信息从发送地址传送到目的地址,由于可能不在同一个网络,网络层在每个数据的头部增加双方的逻辑地址等信息,称为数据包。路由器负责为数据包选择合适路由并转发。

④ 传输层负责实现应用程序到应用程序的连接和信息的切分重组。传输层使用端口号区分不同的应用,向下传给网络层时按数据包的大小进行切分,将一个应用分为多个数据包,让每个数据包通过网络层到达目的地之后,将所有数据包合并为原始的一个大包,再交给上层。

⑤ 会话层、表示层、应用层构成开放系统的高三层,会话层建立和维持双方的会话,如信息同步等,表示层提供数据的编码与表示等,应用层针对不同的应用程序设计不同协议。

5.2 典型的局域网与广域网

局域网与广域网的主要区别是覆盖范围不同,连接设备与转发方式不同,协议也不同。本节介绍几个典型的网络及协议。

1. 有线局域网与以太网

局域网有以太网(Ethernet)、令牌环、令牌总线、FDDI 等,目前主要使用以太网。

以太网自 1976 年创建以来主要经历了标准以太网(10 Mbit/s)、快速以太网(100 Mbit/s)、千兆以太网(1 Gbit/s)和 10 千兆以太网(10 Gbit/s),有线局域网协议为 IEEE 802.3 等。局域网协议工作在 OSI 参考模型的物理层与数据链路层,通过交换机等设备连接。

2. 无线局域网与 Wi-Fi

无线局域网(Wireless LAN,WLAN)指借助于无线通信技术组成的局域网,覆盖范围较广,如公交车、商店等场所。通用标准是 IEEE 802.11 系列标准,使用 2.4 GHz、5 GHz 频段,可提供 11 Mbit/s、54 Mbit/s、1.3 Gbit/s 甚至 9.6 Gbit/s 等速率。

Wi-Fi(Wireless Fidelity)是基于 IEEE 802.11b/g/a 系列标准的 WLAN 技术,一般通信范围在几十米,是个人或单位常用的无线连接技术。通过无线访问节点(Access Point,AP)或通过无线路由器连接到有线网络。

3. 无线广域网与 4G

无线广域网(Wireless WAN,WWAN)指覆盖全国甚至全球等大范围的无线网络。典型无线广域网的例子是全球移动通信系统和卫星通信系统。

4G(第四代移动通信技术)的传输速率可达到 100 Mbit/s,能够快速传输高质量的多媒体信息,满足用户的购物、学习、直播等多媒体信息需求。目前 5G 的兴起将推动 WWAN 的广泛部署,并使 WWAN 成为大多数 WAN 架构的标准组成部分。

5.3 Internet 网络设置

Internet 源于美国国防部高级研究计划署 1968 年建立的 ARPANET,目前已遍布全世界。Windows、Linux 等主流操作系统均默认安装 Internet 使用的 TCP/IP 协议,因此 TCP/IP 协议已成为国际上网络互联的事实标准。

5.3.1 TCP/IP 协议

TCP/IP 协议(Transmission Control Protocol/Internet Protocol)是以 TCP 协议(传输控制协议)和 IP 协议(网际协议)为主的协议簇。对应 OSI 参考模型,TCP/IP 模型将协议分为 4 层,从低层到高层分别是网络接口层、网际层、传输层、应用层。TCP/IP 模型与 OSI 参考模型各层之间的对应关系如图 5-7 所示。

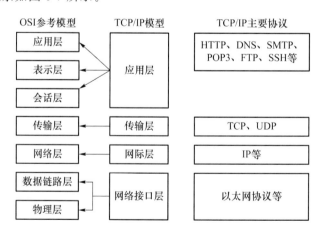

图 5-7 TCP/IP 模型与 OSI 参考模型对应图

TCP/IP 各层的主要功能及协议如下。

① 网络接口层对应 OSI 的物理层与数据链路层,允许使用局域网的各种协议,如 IEEE 802.x。

② 网际层对应 OSI 的网络层,网际层最主要的是 IP 协议,实现数据包在多种网络中的路由。

③ 传输层对应 OSI 的传输层,定义了两个主要的协议,TCP 协议提供的是面向连接的可

靠的传输服务,适合大多数网络应用;而用户数据报协议(User Datagram Protocol,UDP)提供的是无连接的不保证可靠的传输服务,如网络视频会议等。

④ 应用层对应 OSI 的最高三层,包括网络应用的各种协议,如超文本传输协议(HTTP)、超文本传输安全协议(HTTPS)、域名系统(DNS)、简单邮件传送协议(SMTP)、邮局协议版本3(POP3)、文件传输协议(FTP)、远程登录(Telnet)等。

5.3.2 IP 协议与 IP 地址

IP 协议是 TCP/IP 协议中最重要的网络层协议,所有数据均以 IP 数据包格式在互联网中自由选择合适的路由。每台接入 Internet 的主机都有全球唯一的地址标识——IP 地址,当前版本包括 IPv4 和 IPv6。IPv4 使用 32 位地址唯一标识网络中的节点;IPv6 使用 128 位二进制地址唯一标识网络中的节点。

1. IPv4 地址

IP 地址是逻辑地址,也是为每个上网设备标识的编号,以此区分它所在的网络以及它在网络内的编号。所有的 IP 地址都是由国际组织网络信息中心(Network Information Center,NIC)负责统一分配的,一般由机构申请获得网络部分地址,再由局域网管理员分配主机部分。

每个 IPv4 地址由 4 个字节(32 位)组成,每个字节转换为十进制,用圆点分隔,称为"点分十进制"记法,值的范围从 0.0.0.0 到 255.255.255.255。例如,IP 地址 202.204.100.5 的 32 位二进制为
11001010 11001100 01100100 00000101

IPv4 地址由网络号和主机号组成。可分配给主机的 IP 地址分为 3 类:A 类、B 类、C 类,每类有不同的网络号位数,并且规定可分配的网络号和主机号部分不能全为 0,也不能全为 1。可分配给主机的 IP 地址范围如表 5-1 所示。

表 5-1 IP 地址的类别与范围

IP 类别	网络号位数	可分配的 IP 地址范围	可分配的网络号	可分配的主机号
A	8	1.0.0.1～126.255.255.254	1～126	0.0.1～255.255.254
B	16	128.0.0.1～191.255.255.254	128.0～191.255	0.1～255.254
C	24	192.0.0.1～223.255.255.254	192.0.0～223.255.255	1～254

2. 网络地址与子网掩码

同一网络中所有主机的 IP 地址具有相同的网络号,与主机号全部为 0 组成的 IP 地址称为网络地址。例如,一个 C 类的 IP 地址为 192.168.1.5,网络号是高 24 位,主机号为 8 个 0,因此网络地址为 192.168.1.0,也可写成 192.168.1.0/8(/8 表示网络号是 8 位)。

子网掩码是计算机网络中的特殊 IP 格式地址。它的网络号全为 1,主机号全为 0。将子网掩码与 IP 地址进行按位逻辑与运算,得到该 IP 地址所在的网络地址。A 类网络的子网掩码是 255.0.0.0,B 类网络的子网掩码是 255.255.0.0,C 类网络的子网掩码是 255.255.255.0。

【例 5-1】 一台主机的 IP 地址是 192.168.1.5,子网掩码是 255.255.255.0,则网络地址是多少?

分析:子网掩码 255.255.255.0 的二进制值是 24 个 1 和 8 个 0,可知网络号为前 24 位。IP 地址任何一位二进制数与 1 逻辑与的结果是原值,与 0 逻辑与的结果是 0。

回答:将 IP 地址与子网掩码按位逻辑与得到的网络地址是 192.168.1.0。

【例 5-2】 一台主机的 IP 地址是 192.168.1.5,子网掩码是 255.255.224.0,则网络地址

是多少?

将子网掩码转换为二进制,与 IP 地址的二进制值进行按位逻辑与运算。由例 5-1 可知,仅需计算 1 与 224 的逻辑与结果。计算后得到网络地址为 192.168.0.0。

```
        00000001
        11100000   AND
        -----------------------
        00000000
```

3. 特殊的 IP 地址

有一些特殊的 IP 地址用来标识特殊主机或地址。

1) 网关地址

一个局域网向另一个局域网传送信息时,通过网关转发。网关是一个局域网内部的特殊设备(或软件),如路由器可以作为网关。网关地址的主机号由局域网的管理员设定,并告知局域网内的用户。如家庭路由器的局域网一般是 192.168.1.0,路由器作为网关,IP 地址为 192.168.1.1。

2) 广播地址

广播地址表示网络的所有主机,是专门用于同时向网络中所有主机发送的一个地址,主机号部分全为 1。网络号部分可以是具体的网络号,也可以是全 1,如广播地址 192.168.1.255 表示发送到网络地址为 192.168.1.0 的局域网中的所有主机,广播地址是 255.255.255.255 表示会被送到源 IP 地址所在网络段上的所有主机。

3) 私有 IP 地址

私有 IP 地址指允许局域网范围使用 TCP/IP 协议时使用的 IP 地址,它们无法在 Internet 上直接使用,局域网网关在连接到 Internet 时将私有 IP 地址转换为公网 IP 地址。

① A 类私有 IP 地址网络号是 10,可分配主机的 IP 范围是 10.0.0.1~10.255.255.254。

② B 类私有 IP 地址网络号是 172.16~172.31,可分配主机的 IP 范围是 172.16.0.1~172.31.255.254。

③ C 类私有 IP 地址网络号是 192.168.0~192.168.255,可分配主机的 IP 范围是 192.168.0.1~192.168.255.254。

4) 回路地址

以 127 开头的 IP 地址称为回路地址(Loop Back Address),发送给该地址的数据包会被发送主机自己接收,无实际网络传输,一般用来检测网络的连通性。如执行 ping 127.0.0.1 命令,利用 TCP/IP 协议完成向自己的发送封装与接收拆装过程,若收到数据包应答,则说明 TCP/IP 协议正常工作,如图 5-8 所示。

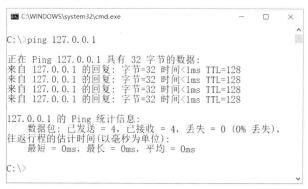

图 5-8　ping 命令得到 4 个回复

5) 保留地址

以 169.254 开头的地址为保留地址,说明网卡未获取到正确的 IP 地址而无法上网。如果发现主机 IP 地址是 169.254.＊.＊,说明主机无法上网,可能是以下两种情况之一。

① 静态设置 IP 时与其他设备的 IP 地址冲突。

② 动态获取 IP 时路由器的 DHCP 服务器未开启。

5.3.3 域名与 DNS 服务

Internet 上的每一台计算机都有一个 IP 地址,但是这些数字不太好记,因此 Internet 中的应用服务器会在授权的注册中心注册一个比较方便记忆的名字,称其为域名(Domain)。

1. 域名结构

域名在全球范围内是唯一的,以若干个英文字母和数字组成,由"."分隔成几个层次。例如,对于域名"www.cugb.edu.cn",cn 是顶级域名,表示中国;edu 是 cn 下的二级域名,表示教育机构;cugb 是 edu 下申请的三级域名,为中国地质大学(北京)的域名;www 为四级域名,表示 cugb.edu.cn 网络中的一台服务器,该服务器提供 www 服务。

国际顶级域名分为两类:类别顶级域名和地理顶级域名。类别顶级域名是以类别代码结尾的域名,如"edu"代表教育机构。地理顶级域名是以国家或地区代码为结尾的域名,如".cn"和".中国"是中国的国家顶级域名。

中国域名由中国互联网络信息中心(CNNIC)负责注册和管理,二级域名分为组织类别域名和行政区域域名,如 org 表示非营利组织机构,bj 表示北京市等,部分举例如图 5-9 所示。

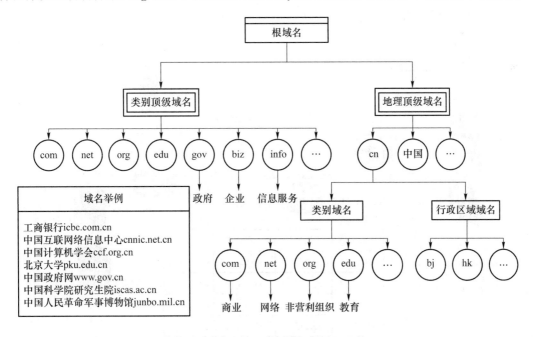

图 5-9 互联网域名体系结构及域名举例

2. DNS 服务

用户使用域名上网时,需要将域名解析成 IP 地址,这是由应用层协议——DNS 实现的。

如图 5-9 所示,全世界的域名分级呈树形结构,每个节点都设置 DNS 服务器,每个节点能够解析下一级节点的 DNS 服务器域名与 IP 地址,如 dns.cn 能够解析 dns.edu.cn,dns.edu.cn 能够解析 dns.cugb.edu.cn。当用户上网时首先由所在局域网的 DNS 服务器解析域名,如果不成功则发送给上级 DNS 服务器,通过树形结构分布的各服务器找到目的地址,再转发给源 DNS 服务器,同时记录域名与 IP 地址,下次再上网时直接解析。

5.3.4 路由选择

路由选择(Routing)指在网络中寻找并确定到达目的地计算机的通路的过程。路由器是网络互联的主要设备,工作在网络层,用于将信息转发到不同的网络,让 IP 数据包选择合适路由。那么,IP 数据包是如何在网络中进行路由选择呢?

路由器有多个端口连接多个网络,每个端口的 IP 地址是该网络的网关地址。在路由器中保存一张表格,称为路由表,每行记录目的网络地址及转发端口号等信息。当用户上网时数据会发送到网关,路由器接收到网络层的 IP 数据包时,根据目的 IP 地址的网络地址,检查路由器中的路由表,如果找到该网络地址的端口号,则发送到该端口号的队列排队转发,如果找不到则转发到默认端口号的队列。

如图 5-10 所示,当用户 A 要访问 www.c.net 时,首先发送数据到局域网的 DNS 服务器获得 www.c.net 的 IP 地址 22.0.1.3,然后将网络请求 IP 数据包发送到网关(路由器 R1 的 e0 端口),路由器 R1 检查路由表,找到目的网络 22.0.0.0 的下一跳地址 13.0.0.1,通过 R1 的 e2 端口转发到 R2 的 e0 端口。R2 接收到数据包后继续检查路由表找到转发路由到达 R3,R3 检查路由表并将数据包通过 e0 端口发送到目的地址 22.0.1.3。

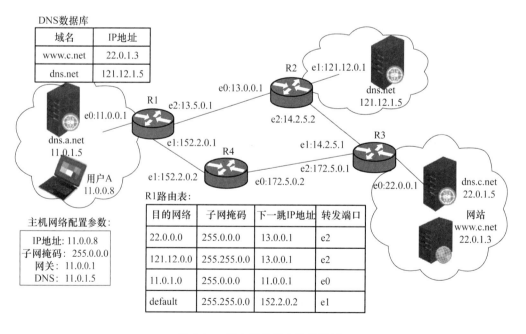

图 5-10 路由器的路由转发示例

5.4 Internet 接入与应用

5.4.1 常见的 Internet 接入

Internet 接入技术主要有光纤接入、有线电视接入、无线接入、ADSL 等。用户通过 ISP 获得访问互联网的各类服务。用户设备通过 ISP 获得的 TCP/IP 协议参数连接到 Internet，家庭中多台设备一般需要使用路由器连接。

1. TCP/IP 协议配置

一台计算机接入 Internet 必备的参数包括 IP 地址、子网掩码、网关、DNS 服务器 IP 地址。有线网络一般使用手动静态 IP，各种参数需向管理员获取。无线网络一般使用动态 IP，连接到网络时由局域网中的动态主机配置协议（Dynamic Host Configuration Protocol，DHCP）服务器从地址池中分配一个可用 IP 等参数。

在图形方式下查看网络参数配置的方法：在控制面板中找到以太网连接，右击，选择"属性"，弹出的对话框如图 5-11(a)所示，选中 Internet 协议版本 4（TCP/IPv4），单击"属性"按钮弹出的对话框如图 5-11(b)所示，选中"使用下面的 IP 地址"单选按钮，输入管理员提供的 IP 地址、子网掩码、默认网关、DNS 服务器 IP 地址。如果是动态 IP，则选中"自动获得 IP 地址"单选按钮。

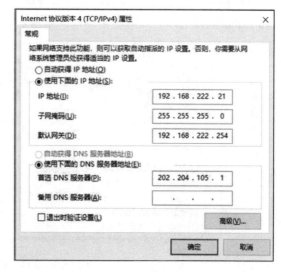

(a) 网络属性　　　　　　　　　　　　　　(b) IPv4属性

图 5-11　以太网 IPv4 协议配置

2. 家庭路由器配置参数

家庭路由器一般包括一个 WAN 口和多个 LAN 口。WAN 口连接到外网，输入公网 IP 网络参数配置网络（IP 地址、子网掩码、网关地址、DNS 地址），LAN 口可连接家庭内部局域网的多台有线设备，同时也是一个无线接入点（Access Point，AP），提供 Wi-Fi 满足智能设备使用无线局域网的需求，路由器作为网关实现网络信息转发。

局域网内的设备可用固定 IP 或者动态 IP 两种接入方式。路由器提供 DHCP 服务，可设置内部 IP 地址池进行自动 IP 地址分配,如图 5-12 所示,设置地址池的地址范围是 192.168.1.100~192.168.1.199。当智能设备通过 Wi-Fi 连接到路由器时,从地址池中获取一个可用的 IP 地址,以及子网掩码、网关等参数,满足上网使用需求。当到达租期后若持续上网可继续使用,租期结束后会回收 IP 地址到地址池。

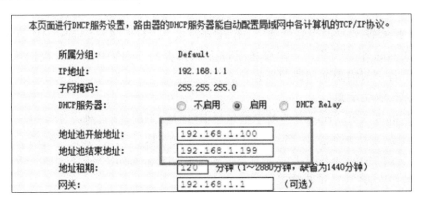

图 5-12 DHCP 服务器的地址池范围举例

图 5-13 展示了一个路由器的配置样例。WAN 配置参数从接入的 ISP 获得。查看设备说明书找到路由器的 IP 地址,一般是 192.168.1.1 或 192.168.0.1,登录该网址,配置 WAN 和 LAN 的网络参数设置,测试 Internet 连接成功。服务集标识符(Service Set Identifier,SSID)是路由器发送的无线网络名称,允许管理员配置修改名称,则其他无线设备搜索 Wi-Fi 名称列表中会出现该名称。如果不希望被搜索列表显示,可以设置为"禁止广播 SSID"。

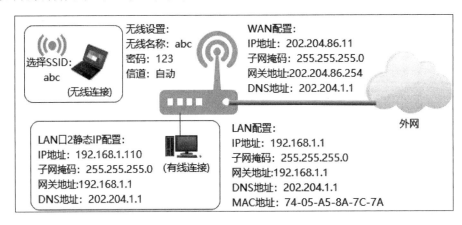

图 5-13 家庭路由器参数配置举例

5.4.2 邮件服务

在网络中提供邮件收发管理服务的计算机称为电子邮件服务器,分为发送邮件服务器和接收邮件服务器。每个用户到邮件服务器上申请属于自己的电子邮箱,每个邮箱都有唯一的邮件地址,格式为"邮箱名@域名"。邮箱名又称为用户名,在邮件服务器中不允许重名,域名表示邮件服务器的域名。例如,用户申请了一个 QQ 号码,在获得聊天功能的同时还获得一个邮箱,地址为"QQ 号码@qq.com"。

那么,一封邮件是如何在网络上发送到目的方的呢?首先,用户需要在一个专用代理软件中完成邮件书写,软件中提供了收件人、邮件标题、邮件内容等表单;然后,单击"发送"按钮,邮件会发送到自己的邮件服务器,通过 DNS 服务器解析得到目的邮件服务器域名对应的 IP 地址,通过网络发送到目的邮件服务器,保存到目的地的信箱中,邮件发送成功。最常用的电子邮件发送协议是 SMTP。

接收邮件是接收人通过软件主动登录自己的邮件服务器,将邮件下载到本地系统后浏览或在线浏览。接收邮件主要使用 POP3。此外,接收人也可使用互联网消息访问协议(Internet Message Access Protocol,IMAP)查看邮件信息,客户端的操作都会反馈到服务器上。

计算机或手机上可安装一些专用邮件收发软件,如 Outlook Express、Foxmail 等。软件配置参数要根据邮件服务器提供的发送与接收邮件协议及服务器地址填写,一般可在邮件服务器的帮助中获取。例如,在 QQ 邮件服务器帮助中心的客户端可得知 QQ 邮箱的 POP3 与 SMTP 服务器地址如图 5-14 所示。

QQ邮箱 POP3 和 SMTP 服务器地址设置如下:

邮箱	POP3服务器(端口995)	SMTP服务器(端口465或587)
qq.com	pop.qq.com	smtp.qq.com

SMTP服务器需要身份验证。

图 5-14　QQ 邮件服务器的设置

5.4.3　万维网服务

万维网(World Wide Web,WWW)是 Internet 中应用最广泛的服务之一。全世界的文档资源都存储在 WWW 服务器,允许用户通过域名访问资源,通过应用层的 HTTP 发送与接收,并通过超链接技术实现页面的跳转。

1. URL 与 HTTP

每个资源在本地计算机中的路径是唯一的,加上 IP 地址及服务,形成全世界独一无二的地址,称为统一资源定位系统(Uniform Resource Locator,URL)。URL 由协议、主机名、端口号、路径组成。

① 协议指应用层协议。WWW 服务一般使用 HTTP 或超文本传输安全协议(HyperText Transfer Protocol Secure,HTTPS),表示客户端与服务器使用超文本传输方式传输信息。HTTPS 经由 HTTP 进行通信,利用安全套接层传输层安全协议(Secure Sockets Layer/Transport Layer Security,SSL/TLS)来加密数据包,保障交换数据的隐私性和完整性。浏览器的地址栏默认支持 HTTP 或 HTTPS。

② 主机名可以是服务器的域名或 IP 地址。

③ 端口号指标识主机应用层中各进程的编号。例如,HTTP 一般使用众所周知的端口号 80,用户输入 URL 时,如果未书写端口号,URL 会自动填充":80"。如果服务器使用自定义端口号 8080,则 URL 中必须指明端口号":8080"。

④ 路径指从应用服务器设置的根目录到文件的相对路径名。例如,Windows 中的 WWW 服务器一般默认根目录是 C:\inetpub\wwwroot,所有网页资源文件均放在此目录中。WWW 服务器一般会将主页名设置成默认页面文件,如 index.html,如果用户不输入路径,则会启动默认页面。

URL 格式为"协议://主机名:端口号/路径名",如在浏览器中输入 www.edu.cn,浏览器会自动填充已设置的默认信息,完整的 URL 地址是 http://www.edu.cn:80/index.html。

2. 网站页面与主页

网站是由若干文件和文件夹组成的一组资源。浏览器中显示的一个文档称为网页(Web Page),文件内使用超文本(Hypertext)、超媒体(Hypermedia)技术来实现页面的跳转,称为超链接(Hyperlink)。在网站中被访问的第一个网页称为主页,显示网站的 Logo、菜单等信息。用户通过主页中的超链接浏览各个页面,甚至跳转到其他网站。

一个简单网站的主页、静态文档及多媒体文件示例如图 5-15 所示。WWW 文件夹是网站的根目录,包含了 4 个使用 HTML 语言编写的网页(扩展名是 html),其中 index.html 是主页,主页中包含转向其他 3 个页面的超链接,3 个页面中包含转向主页或其他页面的超链接。另外包含的 3 个文件夹中分别保存网页中的图片、视频、音乐的相关文件。

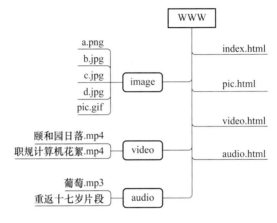

图 5-15 一个简单的网站文件示例

WWW 上的文档类型包括静态文档与动态文档。静态文档的内容不变,服务器上收到客户请求时将文档复制到客户端,文档类型以 HTML 文档为主,能够在客户端的浏览器中显示文字、图像、视频等多媒体信息。动态文档是服务器收到客户请求时运行的应用程序,按请求动态生成变化的内容,再将生成的文档发送给客户,一般常用语言包括 PHP(使用 Perl 语言)、JSP(使用 Java 语言)、ASPX(使用 C♯或 VB.net 语言)等。

3. 客户端与服务器

网站文件保存在服务器(Server)中,用户使用的本地应用程序称为客户端(Client),如浏览器软件。当用户在浏览器的地址栏中输入 URL 后,浏览器向服务器发出访问请求(Request),服务器找到相应的资源文件后发送回浏览器完成回答(Response)。客户端与服务器之间交换数据使用 HTTP 或 HTTPS。常用的客户端浏览器包括 Microsoft Edge、Chrome、Firefox 等,常用的 WWW 服务器软件有 Microsoft IIS、Apache、Nginx 等。

5.4.4 HTML 与 XML 语言

1. HTML5 语言

超文本标记语言(HyperText Markup Language,HTML)是用于创建 Web 页面的语言,HTML 文档(又称网页)由标签和内容构成,标签定义了内容显示方式、超链接和图片等。HTML 产生于 1990 年,目前使用的 HTML5 是 HTML 的第五个版本,支持多媒体,代码更精简,可通过<img>、<audio>、<video>等标签显示图像、声音、视频等多媒体信息,通过

<a>标签实现文件之间的超链接。标签中的关键词不区分大小写。

图 5-16 展示了主页 index.html 与网页 video.html 在支持 HTML5 的浏览器中的显示效果。页面标题分别是 index 与 video，里面显示了文字、图片、视频、超链接等信息。当单击 index 页面的"更多视频"时可跳转到 video.html 浏览视频，单击底部的超链接"返回首页"可返回主页。主页底部的"联系我"也是超链接，单击后时启动计算机客户端邮件软件，自动填充收件人地址为联系人的邮箱地址。

(a) 浏览器显示index.html

(b) 浏览器显示video.html

图 5-16 网页在浏览器中的效果

图 5-17 是两个网页的内容，可用记事本等软件打开及编辑。文档的主要标签包括以下 5 个。

```
<!DOCTYPE html>
<html>
<head>
    <meta charset="utf-8" />
    <meta name="keywords" content="多媒体" />
    <title>index</title>
</head>
<body bgcolor="#feffe6">
    <h1>首页</h1>
    <p><img src="image/pic.gif" width="200" height="150"></p>
    <p><a href="pic.html">更多风景</a>
    <a href="video.html">更多视频</a>
    <a href="audio.html">更多音乐</a></p>
    <p><a href="mailto:abc@qq.com">联系我</a></p>
</body>
</html>
```

(a) index.html

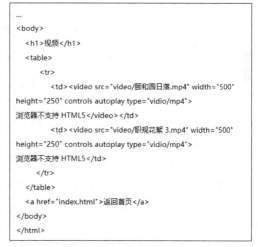

(b) video.html

图 5-17 网页的 HTML5 标签与内容示例

① 第一行<！DOCTYPE html>表示文档使用 HTML5。

② HTML 文档以<html>开始，以</html>结束。文档分为头部<head>…</head>和主体<body>...</body>。文档中的标签一般成对出现。

③ 头部的<meta>定义文档的元数据（Metadata，描述数据属性的数据），如本例中定义了编码字符集（charset）使用 utf-8，关键词（keywords）为"多媒体"，<title>标签中定义了浏览器顶部的标题。

④ 主体内容包括<h1>（一级标题）"首页"，<p>（段落）显示图片 pic.gif，以及 3 个<a>标签定义的超链接，超链接文件可以是 URL，也可以是文档内部位置。<table>定义 1<tr>（行）2<td>（列）表格作为页面布局，每个单元格显示一个 mp4 格式的视频，提供控制条允许播放、停止等操作。

⑤ 每个标签中可增加属性，如<body>标签中定义属性 bgcolor 值，#后面的 6 位十六进制值表示 RGB 颜色。在实际页面中会引用 CSS 文件定义页面中的排版、显示属性等样式。

2. XML 语言

可扩展标记语言（eXtensible Markup Language，XML）是 Internet 中常用的一种数据存储语言，允许用户自定义标签描述数据。图 5-18(a)展示了 book.xml 文件的内容。

① 第一行表示文档类型是 xml。

② 第二行表示文档用可扩展样式表语言（eXtensible Stylesheet Language，XSL）显示格式。

③ 自定义一对 books 标签，里面包含多对 book 标签，每对 book 标签记录一本书的信息，包括书名 name、作者 author、出版社 publisher 信息。标签均成对出现。

(a) XML 文档　　　　　　　　(b) XSL 样式表　　　　　　　(c) 浏览器中的显示

图 5-18　基于 XSL 样式表的 XML 文档在浏览器中的显示页面示例

由于 XML 标签是用户自定义的，浏览器要解释标签，需要将每个 XML 元素转换为 HTML 元素，一种转换方法是使用 XSLT（XSL Transformations）将 XML 文档转换为 HTML 文档。XSLT 文件也是 XML 文档，扩展名为 xsl。图 5-18(b)展示了 book.xsl 文件的内容，主要包括以下几部分。

① 第一行 XML 声明，XSL 是标准的 XML 格式，因此必须声明文档类型是 xml。

② 第二行 XSL 声明了 XSLT 的版本为 1.0，声明了 XSL 的命名空间为 xmlns:xsl="http://www.w3.org/1999/XSL/Transform"，这个命名空间主要用于标识 XSLT 的所有内置元素。

③ 转换后的 HTML 文档，body 中对每一对 book 通过 XSLT 中的 for-each 元素循环显示了 books 中的 book 属性及格式。<h1>表示标题 1，<p>表示段落。

图 5-18(c)展示了浏览器中显示的 book.xml 效果。如果要修改页面效果，只需要修改 XSL 文件，如改成表格显示。

3. CSS 样式

串联样式表（Cascading Style Sheet，CSS）用于 HTML 网页或 XML 文档的风格设计，如字体、颜色、背景等每个元素均可定义不同的风格效果，目前版本是 CSS3。CSS 代码可以直接写在 HTML 文件中，大多数情况下单独以 css 文件保存，方便被多个页面使用，在 HTML 文档头部 head 中增加<link>标签，如<link rel="stylesheet" href="css/a.css"/>。

4. Javascript 脚本

JavaScript 简称 JS,是一种解释型的编程语言,主要用作开发 Web 页面的客户端脚本语言,在用户的浏览器中显示网页的动态、美观效果。JavaScript 脚本可以嵌入 HTML 文档中,更常见的做法是写成单独的 js 文件,再在 HTML 文档中增加＜script＞标签,如＜script src="js/a.js"＞＜/script＞。

5.4.5 远程访问

远程访问(Remote Access)指允许授权用户通过主机远程访问网络中的其他设备。常用的远程访问方式有远程桌面与虚拟专用网(Virtual Private Network,VPN)两种。

1. 远程桌面

用户远程操作其他计算机经常使用远程桌面技术。远程桌面是指授权用户通过自己的主机登录进入远程计算机,成为远程设备的终端,就像直接在该计算机上操作一样。远程登录的方式有 3 种,分别是 Telnet、安全外壳(Secure Shell,SSH)和虚拟网络控制台(Virtual Network Console,VNC)的方式。

1) Telnet 协议

Telnet 协议是 TCP/IP 协议簇中的一个简单的远程登录终端协议,用户在设备终端 Telnet 连接到远程设备,所有命令在远程设备中执行。Telnet 协议使用明文的方式传送所有的文本数据,是早期网络中的重要应用之一。

在 Windows 操作系统中远程连接主要有以下两种方式。

① Telnet 命令行方式。Windows 操作系统默认未启动 Telnet,找到"控制面板"→"程序与功能"→"启用或关闭 Windows 功能",在打开的 Windows 功能窗口中勾选"Telnet 客户端"开启 Telnet 服务。然后可以在命令窗口中使用 Telnet 命令连接到远程设备,通过命令行的方式操作,目前这种方式使用较少。

② "远程登录桌面"方式。首先要打开系统中的"启用远程桌面"选项,如图 5-19(a)所示,连接时输入远程计算机的 IP 地址或域名、用户名和密码,如图 5-19(b)所示,登录后与远程计算机的界面相同。

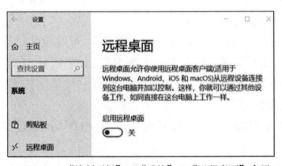
(a) Windows "控制面板"→"系统"→"远程桌面"启用

(b) "附件"→"远程桌面连接"→输入IP

图 5-19 Windows 启动"远程桌面"与新建一个远程桌面连接

2) SSH 协议

SSH 协议是目前网络通常使用的安全协议,可实现两个设备之间的安全通信,常用于访问远程服务器、传输文件或执行命令等。SSH 基于成熟的公钥加密体系,把所有传输的数据进行加密,保证数据在传输时不被恶意破坏、泄露和篡改。连接 Linux 服务器时可以使用 SSH 命令方式远程,也可安装使用第三方软件,如 Xshell、向日葵、TeamViewer 等。

3）VNC 虚拟网络控制台

VNC 是一款开源软件,实现用户与远程系统的交互,远程控制能力强大,可以实现图形化的远程控制。例如,本书使用的头歌在线实训大部分采用 VNC 方式连接到远程服务器的图形操作系统中,用户在浏览器中登录远程服务器并完成操作。

2. VPN

VPN 技术指的是利用公用网络建立局域网专用网络,进行加密通信,VPN 网关通过对数据包的加密和数据包目的地址转换实现远程访问,保护局域网用户的安全访问信息。

VPN 在企业网络中有广泛应用,例如,公司内部网站仅限公司内部局域网 IP 地址设备访问,当员工出差到外地而连接到 Internet 时,可利用 VPN 进入公司局域网访问内部信息。高校信息门户一般提供 SSL VPN 和 Web VPN 两种类型服务。SSL VPN 需要安装客户端方可使用,Web VPN 无须用户做任何配置或安装,直接在网页上通过身份验证即可进入内网应用。

5.4.6 Web 3.0 时代

Web 的发展经历了 3 个时代。

① Web 1.0 被认为是"信息互联网"时代,互联网的主要应用以媒体为主,诞生了大量的提供信息的门户网站,用户主要以浏览网络信息为主。

② 在 Web 2.0 时代,平台以交互为主,产生了博客、抖音等应用,用户可以参与互联网平台的信息创作与交互中。

③ 在 Web 3.0 时代,是基于区块链(BlockChain)的去中心化网络,引发了数据存储技术的重构,形成一个更加开放和自由的数字世界,驱动元宇宙(Metaverse)的基础建设,推动数字经济的发展。

区块链是将密码学、经济学、社会学相结合的一门技术。区块链就是一个又一个区块组成的链条,每个区块保存加密了的用户数据,每个区块都有高度自治的特征,能独立执行交易、独立存取数据,这种"去中心化"特点使得数据难以被篡改,形成安全可信网络,帮助用户更加轻松地掌控自己的数字资产和数据,享有真正的数据自主权。

元宇宙指人类运用数字技术构建的,由现实世界映射或超越现实世界,可与现实世界交互的虚拟世界。Web 3.0 让"元宇宙"从概念走向现实,Web 3.0 将物理层、数字信息层、空间交互层结合在一起,叠加 AR/VR、5G、边缘计算、云计算、AI、图像渲染等新一代信息技术,打造出元宇宙,为用户提供高度的交互性和沉浸式感受。

表 5-2 简单对比了 3 个 Web 时代的发展时间段范围、时代特点、典型产品、核心技术及特点。

表 5-2 Web 1.0、Web 2.0、Web 3.0 时代的技术与产品特点对比

Web 发展历程	Web 1.0 时代	Web 2.0 时代	Web 3.0 时代
大致时间段范围	1994—2003 年	2004—2020 年	2021 年—未来
时代特点	信息交换和展示	内容创造和交互	用户自主创造和掌握价值
网络典型产品	网站、网页	社交网络 SNS,博客 Blog,App	去中心化的数字产品
互联网特征	可读	可读+可写	可读+可写+可拥有
核心技术	数据存储与传输	大数据、云计算	区块链、人工智能、边缘计算

5.5 物联网简介

物联网(Internet of Things,IoT)是唯一地标识和识别每一个实体对象的虚拟网络化结构,也就是物物相连的互联网。所有物体如手表、卡片,嵌入一个芯片后就能借助于网络技术实现对象、物体间的信息传递等。

物联网是互联网应用的拓展,物联网通过射频识别(Radio Frequency Identification, RFID)、红外感应器、全球定位系统、激光扫描器等信息传感设备,按约定的协议,把任何物品与互联网相连接,进行信息交换和通信,以实现对物品的智能化识别、定位、跟踪、监控和管理。

物联网应用领域广泛,常见的有智慧家电、智慧城市、智慧交通、智慧物流、智慧医疗、可穿戴设备等。物联网的主要功能包括监测、控制、扫描、检索、维护等。

物联网应用中有3项关键技术。

① 传感器技术。传感器是信息获取的重要手段,它将感受到的模拟信号转换成数字信号后计算机才能处理。

② RFID标签技术。它是一种非接触式的自动识别技术,通过无线射频信号自动识别目标对象并获取数据,在自动识别、物品物流管理领域有着广阔的应用前景。

③ 嵌入式系统技术。它是集计算机软硬件、传感器技术、集成电路技术、电子应用技术为一体的复杂技术。经过几十年的演变,以嵌入式系统为特征的智能终端产品随处可见。

物联网技术体系结构可以分成4层:感知层、网络层、平台层、应用层,如图5-20所示。感知层通过传感器、RFID等采集数据;网络层利用网络技术传递数据,实现人与物、物与物之间的信息交互;平台层对设备进行通信运营管理,如设备计费、认证、通信质量管理等;应用层基于不同业务领域提供智能服务。

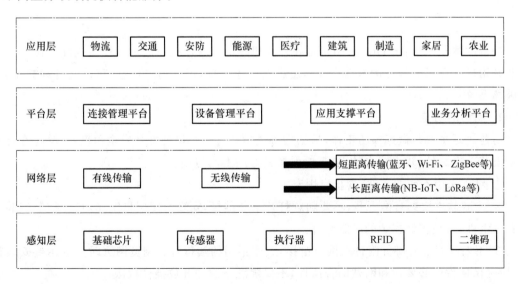

图 5-20 物联网的分层体系结构

5.6 网络安全

随着网络技术的发展,网络安全问题越来越严重。网络安全事件是指蓄意制造、传播有害程序,或者是因受到有害程序的影响而导致的信息安全事件,包括计算机恶意程序传播和活动、移动互联网恶意程序传播和活动、网站安全监测、分布式拒绝服务(Distributed Denial of Service,DDoS)攻击监测、信息安全漏洞等。

5.6.1 计算机病毒及其防范

计算机病毒(Computer Virus)是指在计算机程序中插入的破坏计算机功能或者数据、影响计算机使用并且能够自我复制的一组计算机指令或程序代码。病毒有多种类型,包括系统引导型、可执行文件型、混合型、宏病毒、特洛伊木马型、蠕虫等,具有寄生性、可执行性、传染性、破坏性、潜伏性等特点。目前病毒以网络病毒为主,通过电子邮件附件和恶意链接地址转向特定网站等方式传播,破坏性极强。

1. 常见的病毒类型

1) 宏病毒

宏(Macro)在 C 等高级语言中一般是替换文本的预处理命令。Office 办公软件集成了 VBA(Visual Basic for Application)高级语言,使用 VBA 编写的命令也称为宏命令,由于 VBA 能够访问很多操作系统函数执行宏,因此可以编写出病毒。宏病毒感染对象主要是支持宏的文档、表格、数据库等文件。

2) 蠕虫病毒

蠕虫(Worm)是一个能自我复制的病毒代码。蠕虫病毒在本地计算机中,通过网络共享文件夹、邮件等方法扫描其他有漏洞的计算机,复制到其他计算机后,继续重复扫描和复制传播病毒。

3) 木马病毒

特洛伊木马(Trojan Horse)指寄宿在计算机里的一种非授权的远程控制程序。黑客通过安装到用户计算机的特洛伊木马程序非法建立远程连接,窃取用户信息,窜改文件和数据,甚至破坏系统。

2. 病毒的防范

防范病毒主要是做好预防工作,根据病毒类型做好防范措施。从安全角度看,除了在计算机上安装杀毒软件、防火墙之外,还需要保持良好的上网习惯。

① 对于来历不明的文件,禁止启用宏。

② 下载软件要到官网下载,不要随意打开下载链接,安装时使用自定义,自己控制安装的位置及组件,避免安装多余的绑定软件。

③ 不要随意点开邮件附件或网页链接,关闭不用的端口号。浏览网页时如提示要安装插件,应确认插件的必要性和网站的合法性,不要随意下载和开放插件权限。

④ 定期维护计算机,如更新操作系统,安装补丁程序。关闭不必要的网络共享文件夹和端口号。

5.6.2 网络信息安全属性

常见的网络信息安全属性包括保密性（Confidentiality）、完整性（Integrity）、可用性（Availability）、可靠性（Reliability）、不可否认性（Non-Repudiation）。

① 保密性又称机密性，指保障用户的资料和数据在存储、传输和使用过程中不会被泄露给非授权用户。

② 完整性指保障信息在传输、交换、存储和处理过程中保持不被破坏或修改、不被丢失和未经授权不能改变。

③ 可用性又称有效性，指信息资源可被授权实体按要求访问、正常使用或在非正常情况下能恢复使用。

④ 可靠性指网络信息系统能够在规定条件和规定时间内完成规定功能的特性。

⑤ 不可否认性指无论发送方还是接收方都不能抵赖所进行的传输。

5.6.3 网络安全防范措施

1. 身份认证

计算机的第一道安全防线是账户和密码。个人密码泄露的主要原因是密码过于简单，黑客（Hacker）很容易通过软件暴力破解，也就是通过穷举法尝试每一种可能的组合。因此，要设置强密码，长度 8～15 位，包含至少一个以上的大写字母、小写字母、数字、特殊字符。此外，在电子银行中尽量通过软键盘输入，防止黑客记录键盘输入而获取密码。

2. 访问控制

系统应设置不同用户组的访问控制权限，如限定 C 盘禁止写，重要目录限定读写功能等。此外，关闭网络共享文件夹，关闭不用的端口号和服务，防止黑客软件通过扫描找到系统漏洞，潜入系统窃取或篡改信息。

3. 杀毒软件与防火墙

防火墙（Firewall）是位于内部网络与外部网络之间的一道安全屏障，在两个网络之间基于一组规则仲裁所有的数据流，并保护它们之中的一个网络或该网络的某个部分免遭非授权的访问。用户可通过设置防火墙提供的程序、服务与端口访问规则，过滤不安全的访问，进而提高局域网与计算机的安全性和可靠性。操作系统自带防火墙，可以设置不同环境下的访问规则。

防火墙只是按照规则阻止不安全的行为，但并不能检测计算机是否感染病毒，因此应配合杀毒软件来提高系统安全性。

4. 客户端修复 DNS 劫持

在网络应用中，DNS 负责将域名转换为 IP 地址，黑客往往偷偷篡改用户的 DNS 服务器地址，当用户上网时所有信息都被发送到黑客指定的 DNS 服务器，造成用户信息泄露，引导用户打开奇怪的网站。

检查 DNS 是否被篡改的方法：在命令提示符下输入命令"ipconfig -all"，观察 DNS Server 值是否正常。如果异常，手工修改 IPv4 协议参数（如图 5-11 所示），恢复 DNS 值。此外黑客也可能修改计算机上的 hosts 文件，hosts 文件是系统目录下的隐藏文本文件，用来在本地记录 IP 地址与域名映射，可用记事本等文本工具打开并编辑，如图 5-21 所示，每行记录 IP 地址与对应的域名，如 127.0.0.1 的域名是 localhost。如果还有其他行，应确认是不是被篡改的行。

图 5-21　hosts 文件样例

5. 服务器防 DDoS 攻击

DDoS 攻击是一种针对目标系统的恶意网络攻击行为,常见现象是网站在较短时间内收到大量请求,大规模消耗资源,导致拒绝服务。2018 年 2 月 28 日,GitHub 遭遇 DDoS 攻击,最高访问量为 1.35 Tbit/s;2019 年 10 月 23 日,亚马逊 AWS DNS 服务(Route 53)受到了 DDoS 攻击,恶意攻击者向系统发送大量垃圾流量,致使服务长时间受到影响。

防范 DDoS 攻击的主要措施包括过滤不必要的服务和端口、异常流量的清洗过滤、分布式集群防御、高防智能 DNS 解析等。

5.7　操作实验——网络配置参数与连通性

5.7.1　【实验 5-1】使用 ipconfig 命令查看网络配置参数

在 Windows 下使用 ipconfig 命令查看网络配置基本参数,在 Linux 下使用 ifconfig 命令。

在 Windows 命令行中输入"ipconfig"命令可以查看 IPv4 地址、子网掩码、默认网关等参数值,如图 5-22(a)所示。使用命令"ipconfig/all"或"ipconfig -all"还可以查看主机名、网卡地址(又称物理地址)、DNS 服务器等详细信息,如图 5-22(b)所示。

(a) ipconfig 命令

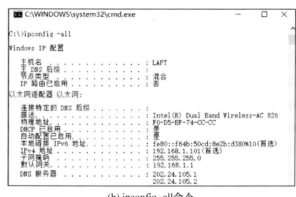
(b) ipconfig -all 命令

图 5-22　使用 ipconfig 命令查看网络配置基本参数

5.7.2　【实验 5-2】使用 ping 命令查看网络连通性

ping 是操作系统中集成的一个 TCP/IP 协议探测工具,用来检查网络的连接状况,检测数据包到达目的主机的可能性。

1. ping 命令的格式

ping 命令的格式为

ping 目的地址 [-参数 1][-参数 2]…

目的地址是指被测试的计算机 IP 地址或域名。ping 命令默认向目的地址发送若干个请求数据包,每个数据包的大小是 32 个字节,收到全部应答表示网络连通正常。在 Windows 中 ping 命令向目的主机 IP 地址发送 4 个请求数据包,在 Linux 中默认持续发送请求数据包,直到用户按"Ctrl+C"组合键强制结束。

ping 命令可使用参数修改发送数据包的个数和大小。查看 ping 的所有参数,可以在命令提示符下运行 ping、ping -? 或者 ping/? 命令。

例如,"ping 127.0.0.1 -l 10000 -n 10"表示向目的地址 127.0.0.1 发送 10 个大小为 10 000 字节的数据包。

2. ping 命令应用举例

在命令提示符下输入"ping educoder.net",回车后输出结果如图 5-23 所示。ping 命令首先通过 DNS 服务器解析出域名对应的 IP 地址,然后向该 IP 地址发送 4 个请求数据包,并得到 4 个回复,说明网络传输正常,无丢包现象。

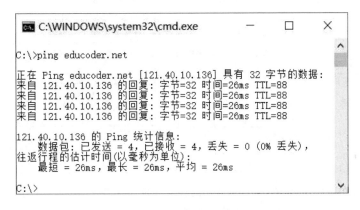

图 5-23   ping www.baidu.com.cn 结果

如果网络出现问题,或者目的主机的防火墙设置了拦截 ping 命令,回复信息可能是以下情况之一。

① 请求超时(Request Timed Out):在规定时间内未得到应答。

② 目的主机不可达(Destination Host Unreachable):无法发现目的主机。

3. 使用 ping 命令测试网络连通性

ping 命令主要用在网络检测与故障排除中,使用 ping 命令一般按照如下顺序测试。

① ping 127.0.0.1 或者 localhost:检测本机 TCP/IP 协议是否正常工作,如果失败需要检查 IP 地址配置是否正确,网卡以及网卡驱动程序的安装是否正确。

② ping 局域网网关或局域网内其他主机的 IP 地址:检测局域网工作是否正常,如果失败需要检查双绞线、交换机等设备是否正常连接,网卡设置是否与其他设备发生冲突。

③ ping Internet 某主机 IP 地址或域名:检测接入 Internet 是否正常。若 ping IP 地址正常而域名不正常,则检查 DNS 参数配置;若 ping IP 地址不通,则检查网关是否出现工作故障,或未登录网关获得访问连接 Internet 的权限。

5.8 操作实验——WWW 服务器搭建

目前主流的 Web 服务器有 Httpd 和互联网信息服务（Internet Information Services，IIS）等。Windows 的 WWW 服务器是 Windows Server 版的内部组件 IIS。Apache 的 Httpd 是 Apache 软件基金会的一个跨平台的开源 WWW 服务器，是目前应用最广泛的网页服务器之一，经常与 Nginx 组合。Nginx 是一个轻量级、高性能的 WWW 服务器，并发能力强，主要用于网站的负载均衡服务。

5.8.1 【实验 5-3】IIS 配置网站

Windows Server 操作系统内置各种服务器，启用服务时，打开控制面板中的"程序和功能"，如图 5-24(a)所示，单击"启动或关闭 Windows 功能"，在弹出的窗口中勾选"Web 管理工具"和"万维网服务"，如图 5-24(b)所示。

(a) 程序和功能

(b) 启用或关闭Windows功能

图 5-24 启动 Windows 功能的 IIS

设置结束后，在"开始"菜单中寻找"Windows 管理工具"→"Internet Information Services 管理器"或在搜索栏中输入"IIS"，打开管理器窗口。

新建网站时，右击"网站"→"新建网站"，如图 5-25(a)所示。在弹出的窗口内输入网站名称，如 www，单击"…"按钮选择网站根目录路径，如 c:\inetpub\wwwroot\WWW，协议与端口使用默认的 http 与 80，如图 5-25(b)所示。

(a) 在IIS管理器中添加网站

(b) 添加网站名称、物理路径、端口

图 5-25 在 IIS 管理器中添加设置网站

确定后,双击网站 www,在右边"功能视图"中双击默认文档可查看和添加默认文档名。图 5-26 展示了 www 网站配置后的应用效果,index.html 是默认文档。浏览网址 http://127.0.0.1 时,本机自动匹配网站设置根目录中的默认文档名,并将 C:\inetpub\wwwroot\WWW\index.html 文件发送到浏览器中,显示 HTML 文档内容。如果在网站根目录中没有找到默认文档,则浏览器显示"HTTP 错误 403"。

(a) www 网站根目录 C:\inetpub\wwwroot\WWW

(b) 浏览器显示 www 网站主页

图 5-26　物理文件目录与浏览器显示网站主页

5.8.2　【实验 5-4】Linux 安装与配置网站

本实验以 Nginx 为例,完成软件的安装与配置,并在浏览器中显示默认网站主页。

1. Linux 系统安装软件的方式

Linux 的软件安装方式主要包括 3 种类型。

① 软件包安装。下载已经编译好的可执行文件包,使用对应的包管理工具进行安装,不同系统使用不同的包管理工具,例如,Ubuntu、Debian、银河麒麟等系统使用 dpkg 管理软件包(扩展名 deb),Redhat、CentOS 等系统使用 rpm 管理软件包(扩展名 rpm)。

② 互联网在线安装。例如,Ubuntu、Debian、银河麒麟使用 apt-get,Redhat、CentOS 使用 yum。

③ 源码安装。首先下载源码到本机,然后对源码进行编译,生成可执行文件。常见的软件源码包格式为.tar.gz、.tar.bz2 等,下载后要先解压缩文件,然后执行软件包中的 configure 命令生成 makefile 文件,执行 make 命令从 makefile 中读取指令并编译,执行 make install 命令安装软件到指定的位置。

在本章配套的在线实训中使用源码安装方式安装了 Nginx 服务器。

2. 网站常见基本配置

Nginx 配置文件是在 Nginx 软件安装目录下的 conf 子目录中的 nginx.conf。文件中的 server 块中最常见的配置是修改服务器的监听端口、主机名称或 IP。location 块主要配置网站的根目录、默认首页文件。如图 5-27 所示,第 36 行"listen"后面的"80"表示 HTTP 协议端口号是 80,第 37 行"server_name"后面的"localhost"指主机名,第 44 行"root"后面的"/var/www/html"指网站根目录,第 45 行"index"后面是默认的网站首页文件。

当用户在浏览器中书写网址后,系统会自动按照配置信息填充完整的 URL,例如,输入网址 localhost，则根据配置自动匹配完整 URL 为 http://localhost:80/index.html。如果没有找到 index.html 文件，则匹配 index.htm，匹配后显示网页。如果都找不到，则显示"404 NOT FOUND"的出错提示页面。

Localhost 仅限当前主机，如果在互联网中访问网站，则必须配置一个合法的 IP 地址或 DNS 域名。

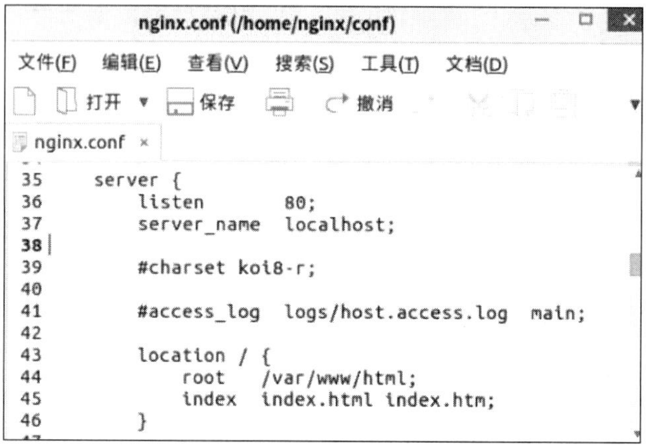

图 5-27 nginx.conf 文件中的主要配置块信息

3. 服务器的启动、关闭与重启

Nginx 安装目录中的 sbin 子目录中有一个 nginx 脚本文件，进入该目录后执行命令。

① 启动 Nginx 服务器的命令：./nginx。

② 重启 Nginx 服务器的命令：./nginx -s reload。如果修改了 nginx.conf 配置文件，必须重启服务器才能生效。

③ 停止 Nginx 服务器的命令：./nginx -s quit。

Nginx 启动后，打开浏览器，输入网址"127.0.0.1"或"localhost"，如果出现图 5-28 所示的欢迎页面，则表示服务器已安装成功并启动了 Web 服务器。

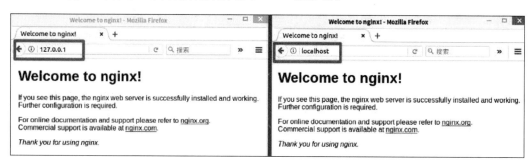

图 5-28 Nginx 服务器的欢迎页面

5.9 头歌在线实训 5——网络管理及网站基础

【实验简介】本实验以银河麒麟 v10 桌面操作系统为例，掌握常用的网络命令，并通过一个简单网站的搭建，了解 WWW 服务应用以及网站页面语言。

【实验任务】登录头歌实践教学平台,完成本章多个实验,每个实验包括多关,按照要求一次性完成,全部完成则通关。实验截止之前允许反复练习,取最高分。

头歌实践教学平台的登录与实验方法见附录。实验任务及相关知识见二维码。

拓展阅读

第 5 章
在线实训任务

习题与思考

1. 简述 IP 地址与 MAC 地址的特点。
2. 简述域名的作用和常用的顶级域名。
3. 简述家庭路由器的 WLAN、LAN 上网配置方法。
4. 简述 HTTP 与 HTML 文档。
5. TCP/IP 模型的分层模型与 OSI 参考模型的对应关系是什么?
6. 举例说明物联网的应用。
7. 邮件发送失败的原因可能是什么?
8. 请查阅资料,结合自己的生活与专业,了解物联网的相关应用。

第6章 数据运算与程序设计基础

第2章我们介绍了各种信息在计算机中是如何存储与表示的,本章我们介绍计算机中的数据如何完成运算,以及基于数据运算的程序设计基本结构,理解算法及描述方法,通过高级语言C++的顺序结构展示如何编写程序实现数据运算,并简要介绍 Python 语言的基本语法。

6.1 程序中的数据类型

数据分为数值数据和非数值数据,数值数据包括整数、浮点数、复数等,非数值数据包括字符、文字、图形、图像、语音、视频等。每类数据都有自己的存储、表示形式与编码规则,但是在计算机内部都是一组0和1的组合。因此,计算机内部一个字节中的二进制值,对于不同的数据类型有不同的解释和处理方法。如图 6-1 所示,存储器中一个字节的值是 01000001,如果按整数读取则表示为十进制的 65,如果按字符读取则是 ASCII 码为 65 的字符"A",而如果是图像、声音、视频等类型则是片段之一。

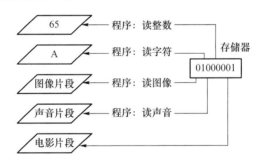

图 6-1 存储器中的二进制基于不同数据类型的表示

在计算机编程中,数据类型是数据的一个属性,它告诉编译器或解释器如何使用数据,主要包括基本数据类型和复杂数据类型两大类。

6.1.1 基本数据类型

基本数据类型变量名存储的是值。以 C 语言与 C++语言为例,基本数据类型包括 char(字符)、int(整数)、double(双精度浮点数)等,程序中要处理的数据用变量来定义,对于定义的数据类型与变量名在运行时系统会根据数据类型分配合适的空间,并按照相应格式通过变量名或地址实现读写操作。图 6-2(a)所示是一段 C++程序代码,运行后输出 4 行信息,分别是 4 个不同数据类型变量的内存地址、值、占据内存字节数。图 6-2(b)显示了程序的运行结果,每个变量地址是该变量分配内存多个字节的首字节,读数据时通过变量名找到变量地址,再根据数据类型找到连续的字节,解释内存内容的二进制值,图 6-2(c)模拟了内存情况。

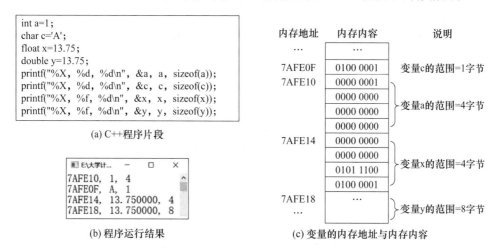

图 6-2　C++程序片段显示的基本数据类型变量的内存地址与内存内容

运行程序时如果要输入数据,必须输入与数据类型相匹配的数据。

【例 6-1】 编写程序实现大写字母转小写。要求输入一个大写字母,输出对应的小写字母及 ASCII 码。

以 C++程序为例,按顺序完成"输入一个字符→转换算法(+32)→输出字符和 ASCII 码"。字符型变量用 char 型定义,运行时输入 A 则输出 a,97。核心代码如下:

```
char ch;                    //定义一个 char 型变量,取名 ch,能够存储一个西文字符的 ASCII 码
cin >> ch;                  //输入一个字符,将 ASCII 码保存到变量 ch 中
ch = ch + 32;               //ch 的值 + 32 得到小写字符的 ASCII 码,保存到变量 ch 中
printf("%c,%d",ch,ch);      //输出 ch 的字符,以及 ASCII 码整数
```

如果将"char ch;"改为"int ch;",那么运行时输入 A 出错,int 型变量无法识别保存西文字符,运行输出结果为随机值。

6.1.2　复杂数据类型

复杂数据类型又称引用类型,存储时变量名存储的是变量被分配内存的首地址。在 C++中常见的复杂数据类型包括结构体、类、数组等。

1. 结构体

结构体(Struct)是将若干类型相同或不同且相互关联的数据组成一个集合。使用结构体首先要定义一个结构体类型,如定义一个复数类型,包括实部、虚部等成员,然后定义结构体类型的变量,变量占的内存大小是"各成员内存大小之和"。结构体成员如果是基本数据类型,则可通过"变量名.成员名"完成该数据类型支持的操作。

2. 类

类(Class)是由一组抽取出共同属性、操作和语义的对象所构成的集合。C++中类与结构体的主要区别是成员的访问类型,结构体默认所有成员的访问类型是公开的(Public),而 C++默认所有成员的访问类型是私有的(Private)。

3. 数组

数组(Array)是有限个相同类型变量的无序集合,如一组名单或者一组成绩等。类型可

以是基本数据类型或已定义的复杂数据类型,可通过复杂数据类型构造出现实对象,满足更复杂的应用。其主要特点如下。

① 集合的名字称为数组名,数组名是数组变量被分配内存的首地址。

② 组成数组的各个变量称为数组的分量,也称为数组元素。

③ 数组元素在内存中是连续分配的,内存大小是"数组元素个数×元素数据类型占据的内存字节数"。

④ 元素距离首元素的位置差值称为元素的下标,元素的个数称为数组长度。

图6-3(a)用C++程序代码定义了int型数组a与结构体型数组c,并分别输出了数组首地址、数组大小、各成员值与内存地址,图6-3(b)展示了运行结果,图6-3(c)模拟了内存情况。

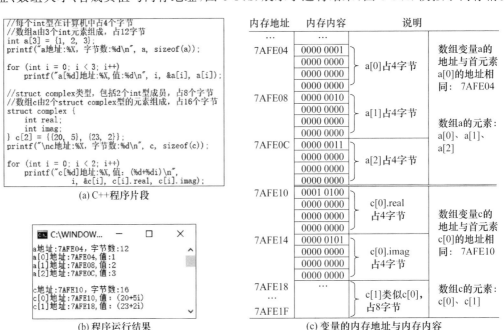

图 6-3 复杂数据类型变量的内存地址与内存内容

6.2 计算机的基本数据运算

计算机中的数据运算主要包括逻辑运算、移位运算、算术运算等。

6.2.1 逻辑运算

1849年,英国数学家布尔提出用符号表达语言和思维逻辑的思想。20世纪,这种思想发展成为现代数学方法:逻辑代数(又叫布尔代数),对计算机科学的发展起到重大推动作用。

逻辑量只有两个值,通常用0表示假,用1表示真。逻辑运算包括3种基本逻辑运算:与、或、非,也有多种组合逻辑运算,本书仅介绍逻辑异或运算,这4种逻辑运算规则如表6-1所示。

表 6-1　逻辑运算规则

逻辑运算	运算规则	逻辑运算示例			
逻辑与运算(AND 或×) 又称逻辑乘	只有当 A 和 B 都为真时 结果才为真	0 AND　0 0	0 AND　1 0	1 AND　0 0	1 AND　1 1
逻辑或运算(OR 或+) 又称逻辑加	只有当 A 和 B 都是假时 结果才为假	0 OR　0 0	0 OR　1 1	1 OR　0 1	1 OR　1 1
逻辑非运算(NOT 或~)	与原事件含义相反	NOT　0 1		NOT　1 0	
逻辑异或运算(XOR 或⊕)	若 A 与 B 相异(值不同) 则取真,否则取假	0 XOR　0 0	0 XOR　1 1	1 XOR　0 1	1 XOR　1 0

第 5 章介绍的通过子网掩码计算出网络地址就是一个逻辑与的应用实例。下面再举几个应用例子。

【例 6-2】　判断一个整数 n 是奇数还是偶数。写出逻辑运算表达式。

思路:将整数 n 转换为二进制值,观察最低位,若为 1 则是奇数,若为 0 则是偶数。如用 8 位二进制表示一个整数,则 3、15、27 的二进制是 00000011、00001111、00011011,而 2、14、36 的二进制是 00000010、00001110、00100100。由于 0 与任何值逻辑与的结果都是 0,而 1 与任何值(0 或 1)逻辑与的结果都是该值本身(0 或 1),因此设计一个整数与 n 按位逻辑与运算,这个整数仅最低位为 1,其余位为 0,这个整数是二进制 00000001,也就是整数 1。

表达式:n AND 1。

【例 6-3】　假设学号用 4 个字节保存,分别表示学院、年级、班级、班内序号,均占 1 字节,使用十六进制表示。如何根据学号找到该学生的学院、年级、班级? 写出逻辑表达式。

例如,(04220101)16 表示序号为 04 的学院 22 级入学 01 班 01 号学生。设计表达式去掉最后 2 位序号。

思路:将最后一个字节全部位置 0,则去掉了班内序号。因此,设计一个整数与学号做按位逻辑与运算,这个整数值为(FFFFFF00)16,也就是 NOT (000000FF)16,转换为十进制是 NOT 255。

表达式:学号 AND (NOT 255)。

(FFFFFF00)16 的作用是通过逻辑运算屏蔽不需要的二进制位,称为掩码。

如果要找到学生的年级,用类似的方法,设计掩码(00FF0000)16,与学号按位逻辑与即可。

【例 6-4】　将一个整数 n 置零。

一种方式是使用逻辑与运算:n AND 0,n 的每一位二进制值与 0 逻辑与的结果都是 0。

另一种方法是使用逻辑异或运算:n XOR n。两个二进制位值相同则为 0,不同为 1。n 与 n 异或的结果是每个二进制位均置为 0。

6.2.2 移位运算

移位运算是指将二进制数值的各数位进行左右移位的运算,分为算术移位与逻辑移位,本书仅讨论简单的逻辑移位运算及其作用。

逻辑移位指左移时最低位补 0,右移时最高位补 0 的移位操作。

一个操作数向左移 1 位,则该数的所有二进制位全部左移 1 位,最高位丢弃,最低位补 0。如整数 4 的二进制是 100,左移 1 位后的值是 1000 即 8,左移 2 位得到值 10000 即 16,因此左移 1 位相当于乘以 2,左移 n 位相当于乘以 2^n。

右移规则类似,最低位丢弃,最高位补 0 或 1(与操作数的原最高位相同),如整数 4 右移 1 位的值是 10 即 2,右移 2 位得到值 1 即整数 1,右移 1 位相当于除以 2,右移 n 位相当于除以 2^n。

注意,整数 5(二进制 101)右移 1 位的值是 $(10)_2$ 也是 2,因此计算机中两个整数相除后的结果仍然是整数,去掉了小数点值,与数学思维不同。

6.2.3 算术运算

算术运算指加减乘除四则运算,以及求余、幂等基本运算。加法是最基本和使用最广泛的运算,减法可通过加法实现,乘法、除法可通过累加或移位实现,较为复杂的求余、幂也可通过算术运算表达式实现。但是在算术运算中,要注意选择合适的数据类型,以及运算中出现的溢出或误差等现象。

1. 算术运算的"溢出"

计算机中的数据存储在 n 个字节的存储单元中,保存的值是有一定范围的。当二进制数进行算术运算的"逢二进一或借一当二"时,如果计算值超出数值位数或改变了符号位,可能会导致结果不正确,称为溢出(Overflow)。

下面通过两个实例理解算术运算的溢出情况。

【例 6-5】 使用 8 位二进制补码形式计算 36−45 的值。

$$[36]_补 = [00100100]_原 = 00100100$$
$$[-45]_补 = [10101101]_原 = 11010011 \quad +$$
$$11110111(符号位参与运算)$$

因此,$[11110111]_补 = (-1 后取反)[10001001]_原 = -9$。

分析:36−45 的值为 9,计算结果正确。计算机中的减法可转换为两个补码的加法运算。

【例 6-6】 使用 8 位二进制补码形式计算 36+96 的值。

$$[36]_补 = [00100100]_原 = 00100100$$
$$[96]_补 = [01100000]_原 = 01100000 \quad +$$
$$10000100(符号位参与运算)$$

因此,$[10000100]_补 = (-1 后取反)[11111100]_原 = -124$。

分析:8 位二进制表示补码的范围是 −128~127,而 36+96=132 已超出表示范围,值进入符号位,因此变成负数,产生"溢出"。

从以上两例可以看出,计算之前应根据数据的取值范围选择合适的数据类型防止溢出现象,例如,在 C 语言中,short 型占 2 字节,int 型占 2 字节或 4 字节,long 型占 4 字节。

类似的,浮点数也有溢出现象。

2. 浮点数的精度与误差

第 2 章我们介绍过浮点数在计算机中的表示,单精度与双精度浮点数在计算机中的尾数位数不同,精度也不同。精度越高,误差越小。

以 C 与 C++ 语言的浮点数类型为例,float 型表示单精度浮点数,精度为 7 位,double 型表示双精度浮点数,精度为 15 位,输出语句 printf 中"％f"和"％.nf"表示输出时小数点保留 6 位和 n 位。

图 6-4 示意了 C++ 程序中输出 float 型与 double 型变量保存 13.6 时的结果。

```
#include <iostream>
using namespace std;
int main() {
    float f = 13.6;
    printf("%f,%.6f,%.7f\n", f,f,f);
    return 0;
}
```
(a) 运行结果:13.600000,13.600000,13.6000004

```
#include <iostream>
using namespace std;
int main() {
    double f = 13.6;
    printf("%f,%.15f,%.16f\n", f,f,f);
    return 0;
}
```
(b) 运行结果:13.600000,13.600000000000000,13.5999999999999996

图 6-4 单精度与双精度浮点数的精度与误差实例

6.3 算法简介

算法(Algorithm)是解决某个问题的方法和步骤,是程序设计的核心。

6.3.1 算法的特点、分类与常用设计方法

1. 算法的特点

解决同一个问题可以有多种算法。一个算法应该具有以下 5 个重要特点。

① 有穷性(Finiteness):算法必须能在执行有限个步骤之后终止。

② 确切性(Definiteness):算法的每一步骤必须有确切的定义。

③ 有效性(Effectiveness):算法中执行的任何计算步骤都可被分解为基本的、可执行的操作步骤。

④ 输入项(Input):一个算法可以没有输入,或者有一个或多个输入。

⑤ 输出项(Output):一个算法必须有一个或多个输出,以反映数据加工后的结果。

2. 算法的分类

按照算法原理与具体应用分类,可分为数值计算算法和非数值计算算法。

① 数值计算算法主要用于科学计算,利用数学公式解决数学计算问题。常用算法包括穷举法、迭代法、递归法等。

② 非数值计算算法主要用于数据管理和分析,如一组数据的排序、查找、统计计算等。

3. 常用的算法设计方法

下面介绍几种常用的算法设计方法。

① 穷举法:又称枚举法,基本思想是根据题目的部分条件确定答案的大致范围,并在此范围内列举出所有可能的情况进行逐一验证,直到全部情况验证完毕,找到答案或无解。

② 迭代法：又称递推法，基本思想是从一个初值开始，把一个复杂的计算过程转化为简单过程的多次重复，每次重复都从旧值基础上递推出新值，并由新值代替旧值。

③ 递归法：基本思想是把问题分解为规模缩小了的同类问题的子问题（递推），当获得最简单情况的解后，逐级返回（回归）直到得到原始问题的解。递归法采用递归调用自身函数来解决问题。

④ 贪心法：又称贪婪算法，指对问题求解时，总是做出在当前的局部最优解，通过多次的贪心选择，最终得到整个问题的最优解。

⑤ 分治法：基本思想是把一个规模较大的问题划分成相似的小问题，各个求解再"分而治之"，直到得到最基本的解，整个问题的解是各个子问题的解的合并。

⑥ 回溯法：基本思想是按选优条件一步一步向前试探，当探索到某一步时，发现原先的选择并不优或达不到目标，就退回上一步重新选择（回溯）。

⑦ 动态规划法：基本思想是将待求解问题分解成若干个子问题求解，从这些子问题的解得到原问题的解。在此过程中需记录已经解决的子问题的解，以避免重复计算。

6.3.2 算法的描述

算法的描述方法有很多，常用的有自然语言、流程图、伪代码、计算机语言等。

我们用一个简单的问题"求矩形面积"作为例子说明前3种表示方法。

问题需求：输入矩形的长和宽（长和宽均为整数），如果能组成矩形，输出矩形面积（长乘以宽的乘积），否则输出错误提示信息"不是矩形"。

1. 用自然语言描述算法

矩形面积的公式：$s=ab$，那么求面积的问题就可以拆分为以下几个步骤。

① 输入长度变量 a 和宽度变量 b。

② 判断 a 和 b 是否都大于 0，若是执行步骤③，否则输出信息"不是矩形"，算法结束。

③ 计算 a 和 b 的乘积，输出并显示乘积结果 s，算法结束。

自然语言描述算法比较简单，但是语句比较烦琐，并且有可能产生歧义。

2. 用流程图描述算法

俗话说：一图胜千言。流程图就是算法的图形化描述，用流程图可以清晰地描述算法的思路和过程。

传统流程图使用图形、线条描述要处理的任务，用到的符号主要有以下几种。

① 圆角矩形表示"开始"与"结束"。

② 平行四边形表示输入与输出。

③ 矩形表示要处理的任务。

④ 菱形表示条件，当条件值为真或假时执行不同的分支。

⑤ 带有箭头的线段表示算法的流向。菱形条件的各分支线段上要标注条件结果，如 Y 或 N。

【例 6-7】 用流程图表示求矩形面积的算法。

用流程图表示的矩形面积算法如图 6-5 所示，算法增加了对长与宽的判断条件，并根据条件结果（Y 或 N）选择其中一个分支来处理任务，完成后再向下继续执行其他任务。

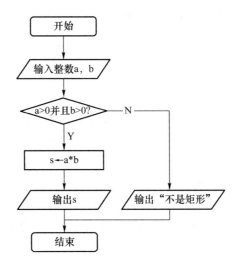

图 6-5 传统流程图示例——求矩形面积

3. 用伪代码描述算法

伪代码是一种非正式的、介于自然语言与编程语言之间的描述算法运行过程的语言。伪代码无固定格式,类似于编程语言,每一条指令占一行,赋值语句用符号←表示,选择语句用 if-then-else 来表示等。

用伪代码描述"求矩形面积"的示例如下:

```
Read  a,b
if a＞0 AND b＞0 Then
    s←a*b
    Print s
else
    Print 不是矩形
End if
```

6.3.3 算法的 3 种基本结构

算法一般有顺序结构、选择结构、循环结构 3 种基本逻辑结构。图 6-6 展示了 3 种控制结构解决问题实现的流程图。任何复杂的程序设计流程图都可以由这 3 种基本结构组成。

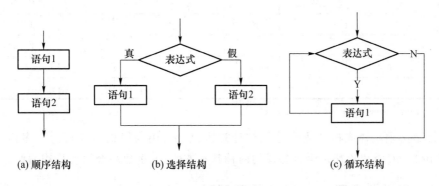

图 6-6 3 种基本结构

顺序结构是最简单的算法结构,语句与语句之间是按从上到下的顺序进行的。顺序结构是任何一个算法都离不开的一种基本算法结构。如图 6-6(a)所示,计算机先执行语句 1,再执行语句 2。

在一个算法中,经常会遇到一些条件的判断,算法根据条件是否成立有不同的流向,这种先根据条件作出判断,再决定执行哪一种操作的结构称为选择结构,也称为分支结构,如图 6-6(b)所示。

如图 6-6(c)所示,循环结构指重复执行同一操作的结构,即从某处开始,按照一定条件反复执行某一处理步骤,反复执行的处理步骤称为循环体。在循环结构中通常都有一个起循环计数作用的变量,在循环开始之前给初值,循环结构的条件表达式是对变量值的判断,当条件为真时,循环体中会有更改变量值的语句,以便在某种条件下结束循环。

每种基本结构都可被看作一条语句,一个程序是由若干条语句按顺序串起来的。设计程序一般包括"输入→处理→输出"(Input-Process-Output,IPO)的过程,每种过程由一条或若干条语句组成。

6.4 程序设计语言简介

软件开发时需要考虑很多因素,应综合各种不同的编程语言,选择最适合某种行业和应用领域的语言。行业和领域不同,选择的编程语言自然也不同。

6.4.1 常用的高级语言

高级语言有很多。C 和 C++ 语言应用广泛,可用于系统底层开发、嵌入式设备、网络通信协议、图像处理、游戏和算法等领域。Java 语言主要应用于 Web 应用系统和移动互联网领域。C# 语言主要用于 Windows 程序和 Web 应用系统。Python 是目前大数据和人工智能的主要语言之一。

表 6-2 显示了 2023 年 1 月世界编程语言排行榜前五的高级语言,由于大数据和人工智能的迅猛发展,Python 是近几年最火的语言,而 C 和 C++ 则一直是专业编程者主要使用和关注的语言。

表 6-2 TIOBE 网站公布的世界编程语言排行榜前五名

编程语言	2023 年 1 月	2022 年 1 月	2016 年	2011 年	2006 年	2001 年	1996 年	1991 年
Python	1	1	5	6	7	26	15	—
C	2	2	2	2	2	1	1	1
C++	3	4	3	3	3	2	2	2
Java	4	3	1	1	1	3	30	—
C#	5	5	4	5	6	10	—	—

注:来源于 http://www.tiobe.com/tiobe-index/。

高级语言必须翻译成机器语言才能被计算机执行。用高级语言编写的程序称为源程序(Source File)。编译和解释是语言翻译的两种基本方式,大多数高级语言采用编译方式。

6.4.2 编译型语言——C++ 语言基础

编译是将高级语言源代码转换成目标代码(机器语言),以后在执行程序时直接执行可执行文件(exe 文件),无须再编译。因此,只有第一次执行时速度较慢,以后执行速度较快。大多数高级语言使用编译方式,如 C、C++、Java 等。本节以 C++语言为例,介绍源程序的编写及编译。

1. 编译方式

C++源程序文件的扩展名为 cpp,经过编译转换成目标代码后生成扩展名为 exe 的可执行文件,以后可直接执行可执行文件,无须再编译。一个源程序的编译过程需要经过以下 3 个步骤,如图 6-7 所示。

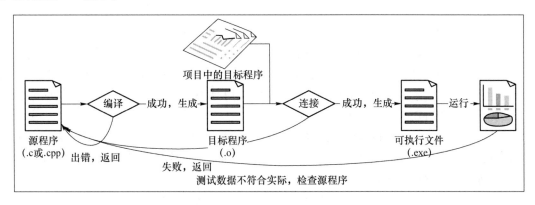

图 6-7 C++程序的编译过程

① 编译(Compile)。检查源程序代码是否正确,如果正确就将其翻译成二进制目标文件,扩展名为 o。

② 连接(Link)。将一个项目(Project)的一个或多个目标文件和系统内置的库文件连接在一起,组成一个可执行文件。

③ 运行(Run)。运行可执行文件,程序能够运行,并不代表一定正确,要多运行测试不同数据下的结果是否都正确,特别是边界类数据。

2. C++编译器的编译与运行

编译器是将高级语言翻译成机器语言的工具。编译 C++程序有两种方法。一种是使用源程序的集编辑、编译、连接、运行功能于一体的图形化集成开发环境(Integrated Development Environment,IDE),另一种是在命令行下运行 g++。C++的 IDE 非常丰富,读者可以选用适合自己平台的 IDE。

(1) IDE 编译 C++程序

以 Dev C++为例。打开 Dev C++软件,默认打开了一个"新文件",输入 C++代码后单击"保存"按钮,保存类型为"C++source files",选择合适的保存目录,输入文件名,系统自动添加扩展名 cpp。

单击菜单的"运行(Execute)"→"编译运行(Compile & Run)"、按快捷键"F11",或者单击工具栏的按钮,都可以一次性完成编译连接和运行程序。例如,编译运行图 6-10(a)所示源程序的结果如图 6-8 所示。输出一行字符串"Hello!"和一个空行。最后一行的信息是程序的运行时间及返回值,正常结束的程序返回值为 0。

程序运行完毕后,按任意键或单击窗口右上角的"×"按钮关闭窗口。注意:如果最小化窗口,此时窗口仍然在运行中,可能会导致后续再次执行程序时失败。

如果运行时发现屏幕有光标闪动,键盘按键能够接收信息,说明程序正在等待用户的输入,应按照程序要求输入正确格式的数据,回车后继续执行,观察结果。

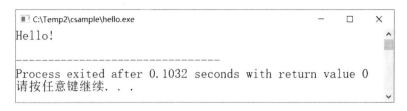

图 6-8 "Hello!"运行界面

(2) g++编译 C++程序

gcc 与 g++分别是 GNU 的 C 编译器与 C++编译器。在 Linux 中可直接使用 gcc 或 g++,在 Windows 中需要下载并安装后使用,为了方便使用,要将 g++所在路径写入系统环境变量中。g++有多个参数,其中参数-o 的作用是编译.cpp 源程序输出可执行文件。图 6-9 所示是在 Windows 中使用 g++编译运行 C++程序的例子。

① "cd \Temp2\csample"命令切换当前目录为源程序所在目录 C:\Temp2\csample。

② 在 "g++ -o hello.exe hello.cpp"命令中,hello.exe 是要生成的可执行程序名,hello.cpp 是源文件名,运行后显示一个空行,表明已经成功。

③ 运行可执行文件 hello.exe 后观察到与 Dev C++运行的输出结果相同。

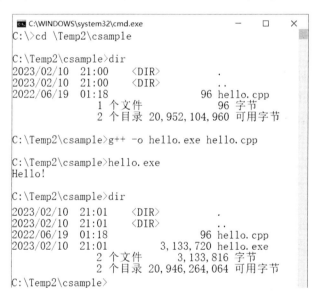

图 6-9 在 Windows 中使用 g++编译运行 C++程序

3. C++控制台程序的基本框架

控制台程序(Console Application)是一种没有图形用户界面的应用程序。图 6-10(a)是一个最简单的 C++控制台的源程序,功能是输出一行字符串"Hello!"。

① 第 1~4 行、第 6~7 行是控制台程序基本框架必不可少的内容。

② 第 5 行是一条输出语句,输出使用 cout 对象和≪输出运算符,运行时屏幕上显示双引号中的内容,\n 是特殊转义字符,表示回车换行。

修改双引号内的字符即可向屏幕输出更多信息,如 cout ≪ "Hello! \nHello!"则会输出 2 行"Hello!"。图 6-10(b)展示了 g++编译生成可执行文件后的执行结果。

```
hello.cpp
1  #include <iostream>
2  using namespace std;
3
4  int main() {
5      cout << "Hello!\n";
6      return 0;
7  }
```

```
C:\WINDOWS\system32\cmd.exe
c:\Temp2>g++ -o hello.exe hello.cpp

c:\Temp2>hello.exe
Hello!

c:\Temp2>
```

(a) hello.cpp源程序　　　　　(b) 源程序编译成hello.exe可执行文件并运行

图 6-10　C＋＋控制台程序的源程序文件与运行结果

4．C＋＋的变量与输入输出

程序运行时要保存一个数值,需要定义变量,程序运行时会先按照变量定义的数据类型特点分配存储空间,然后通过变量名读写。变量名的取名规则是:以字母和下划线开头,只能包括字母、数字和下划线,多个变量名定义时用逗号分隔。例如:

　　int a,b;　　　　　　　　　//定义了 2 个 int 型变量 a 和 b
　　double max,min,f;　　　　//定义了 3 个 double 型变量 max、min、f

输入使用 cin 对象和≫运算符,≫后面只能是变量,输出使用 cout 对象和≪运算符,≪后面可以是变量,也可以是常量值。例如:

　　cin ≫ a ≫ b;　　　　　　//输入 2 个整数依次保存到 a 与 b 中
　　cout ≪ a ≪"," ≪ b;　　　//输出用逗号分隔的 2 个整数 a 与 b 的值

此外,C＋＋兼容 C 语言的格式化输入函数 scanf 与输出函数 printf。例如:

　　scanf("%d%d",&a,&b);　　//输入 2 个整数依次保存到 a 与 b 中
　　printf("%d,%d",a,b);　　//输出用逗号分隔的 2 个整数 a 与 b 的值

【例 6-8】 输入一个年份,输出欢迎同学信息。例如,输入"2022",输出"欢迎 2022 级同学"。

按顺序完成 3 条语句:定义年份变量,输入整数保存到年份变量,输出欢迎信息。程序如图 6-11 所示,定义 int 型变量 year 保存年份,cin 语句将键盘输入的整数保存到 year 中,cout 语句逐步输出≪运算符后面的值,双引号的内容原样输出,year 输出变量的值。

```
#include <iostream>
using namespace std;

int main() {
    int year;
    cin >> year;
    cout << "欢迎" << year << "级同学";
    return 0;
}
```

图 6-11　C＋＋程序——简单程序实现输入与输出

5．C＋＋的运算符与表达式

(1) 赋值运算

变量在程序运行中可用"＝"赋值,"＝"右边是一个表达式,左边是变量名,赋值运算是将右边表达式的值写入左边的内存空间中。例如:

　　a = 3;　　　　　　　　　//将 3 写入内存空间
　　a = a * 2;　　　　　　　//读 a 的值再乘以 2,将计算结果写入 a 的内存空间
　　b = a + 3;　　　　　　　//读 a 的值再加 3,将计算结果写入 b 的内存空间

一个变量可以执行多次赋值运算,每次用新值覆盖变量的原值。图 6-12 模拟了变量 a 的定义、赋值语句执行的过程以及内存的变化。

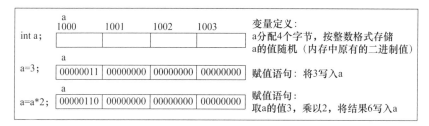

图 6-12　变量 a 的定义语句、赋值语句的执行过程以及内存变化

(2) 算术运算

C++的算术运算符包括+(加法)、-(减法)、*(乘法)、/(除法)、%(求余)。

C++的算术运算表达式举例如表 6-3 所示。

表 6-3　C++的算术运算符及算术表达式举例

算术运算符	表达式举例	结果	说明
+	2+3	5	两个数的和
-	5-3	2	两个数的差
*	2*3	6	两个数的乘积
/	5.0/3 或 5/3.0 或 5.0/3.0 5/3	1.666 67 1	两个数的商 如果除数与被除数都是整数,则商也是整数
%	5 % 3 -5 % 3	2 -2	一个整数除以另一个整数的余数 (符号与%的左操作数相同)

【例 6-9】　输入两个 0~100 的整数分别表示矩形的长和宽,计算并输出矩形的面积。

完整的 C++程序代码如图 6-13 所示。计算机内部要保存输入的两个 100 以内的整数以及 10 000 以内的计算结果,因此定义 3 个 int 型变量 a、b、s,然后输入语句依次接收两个整数保存到 a 与 b 中,通过乘法运算得到乘积,并将乘积保存到 s 中,最后输出 s。本程序使用顺序结构,默认用户输入的值在 0~100 之间。如果要判断值的范围是否正确,需要使用 C++的 if 语句实现。

```
multiply.cpp
1   #include <iostream>
2   using namespace std;
3
4   int main() {
5       int a, b, s;        //定义三个整型变量a,b,c
6       cin >> a >> b;      //输入两个整数分别保存到a,b中
7       s = a * b;          //计算a乘以b,将乘积结果保存到c中
8       cout << s;          //输出c
9       return 0;
10  }
```

图 6-13　C++程序——计算两个整数的乘积

(3) 关系运算

在程序中经常比较两个值的大小,根据结果决定程序的下一步要选择哪一个分支执行。例如,比较一个学生的成绩,若成绩达到 60 分及以上则输出"通过",若成绩小于 60 分则输出

"不通过"。

在C++语言中,关系运算符包括>(大于)、>=(大于等于)、<(小于)、<=(小于等于)、==(等于)、!=(不等于),运算结果有2个,结果为真是1(true),为假是0(false)。

C++的关系运算符及关系表达式举例如表6-4所示。

表6-4 C++的关系运算符及关系表达式举例

关系运算符	关系表达式	结果	说明
>	3>2	1	3大于等于2为真
>=	'A'>='a'	0	字符'A'的ASCII码值小于'a',因此为假
<	a<60	1或0	若a值为40则为真,若a值为80则为假
<=	60<=a<=100	1	60<=a的值为0或1,均小于100,表达式永远为真
==	a==1	1或0	a值若为1则为真,否则为假,注意与=的区别
!=	a!=0	1或0	若a为非零值则为真,a为0则为假,等价于a

(4) 逻辑运算

在C++语言中,逻辑运算符可按值或按位运算。按值逻辑运算符包括逻辑与&&、逻辑或||、逻辑非!,参与的表达式非零即为真。例如,2&&3的结果为1。

例如,有2个整数a=2,b=3,表6-5展示了逻辑表达式及其结果。

表6-5 C++的逻辑运算符及逻辑表达式举例

逻辑运算符	含义	逻辑表达式	结果	表达式说明
&&	逻辑与	a&&b	1	a非0为1(真),b非0为1(真),逻辑与的结果为1(真)
||	逻辑或	a||b	1	a非0为1(真),真值与任何值逻辑或的结果为1(真)
!	逻辑非	~a	0	a非0为1(真),逻辑非的结果为0(假)

【例6-10】 逻辑运算符的应用——判断某一年是否为闰年。

闰年要满足下面两个条件之一:
① 能被4整除但是不能被100整除;
② 能被400整除。

例如,2000年、2004年是闰年,而1900年、2005年不是闰年。

在C++中,判断x能否被y整除,使用算术运算%得到x除以y的余数,若为0则表示整除。条件①包含2个整除条件,是逻辑与,条件①与条件②是逻辑或运算。假定保存年份的变量名是year,那么完整的表达式为(year % 4==0 && year % 100 !=0) || (year % 400==0),若表达式的值为1(true)则year为闰年;为0(false)则非闰年。完整的C++程序如图6-14所示。

```
leap.cpp
1   #include <iostream>
2   using namespace std;
3
4   int main() {
5       int year;
6       cin >> year;
7       int leap = (year % 4 == 0 && year % 100 != 0) || (year % 400 == 0);
8       cout << leap;
9       return 0;
10  }
```

图6-14 C++程序——年份是闰年输出1,否则输出0

(5) 位运算

位运算是直接操作内存中的位(bit),速度快、效率高,在单片机与嵌入式系统的开发、网络底层驱动与安全的开发等场合中经常被用到,例如,要将某个芯片的管脚清零可以将该位与0做按位与操作,要让led灯不停闪烁,值不断取反等。

C++语言的位运算符包括&(按位逻辑与)、|(按位逻辑或)、^(按位逻辑异或)、~(按位逻辑取反)、≫(右移)、≪(左移),参与位运算的变量是int型或char型。

例如,有2个整数a=2(二进制10),b=3(二进制11),表6-6展示了位运算表达式及其结果。

表6-6 C++的位运算符及表达式举例

位运算符	含义	表达式	结果	二进制运算说明
&	按位逻辑与	a&b	2	10 & 11 按位逻辑与的值是10,即2
|	按位逻辑或	a|b	3	10 | 11 按位逻辑或的值是11,即3
~	按位逻辑非	~a	1	~10 按位逻辑非的值是01,即1
^	按位逻辑异或	a^b	1	10 ^ 11 按位逻辑异或的值是01,即1
≪	左移	a≪2	8	10≪2 按位逻辑左移2位的值是1000,即 $2^3=8$
≫	右移	b≫1	1	11≫1 按位逻辑右移1位的值是1,即1

【例 6-11】 位运算的应用——判断一个整数是奇数还是偶数。

利用逻辑与运算,设计一个掩码,二进制值是 00000000 00000000 00000000 00000001,使用十六进制表示是 0x1,也就是十进制的 1。完整的 C++ 程序如图 6-15 所示。

```
even_odd.cpp
1  #include <iostream>
2  using namespace std;
3
4  int main() {
5      int n;
6      cin >> n;
7      int even = n & 1;
8      cout << even;      //输出1表示奇数,输出0表示偶数
9      return 0;
10 }
```

图 6-15 C++程序——输出整数是1(奇数)或0(偶数)

6. C++的库函数应用

C++使用#include预处理命令将包含输入输出的iostream文件(std命名空间)加入程序中。如果要做数学应用如求sin函数、求平方根、π值等,则需要用#include引入std命名空间的cmath文件。常用的库函数及其函数调用表达式如表6-7所示。

表6-7 部分常用的C++数学库函数及函数调用表达式

函数名	函数调用表达式	结果	表达式数据类型	说明
pow	pow(2,3)	8.0	double	2的3次幂
sqrt	sqrt(2)	1.414	double	2的平方根
abs	abs(-5)	5	int	-5的绝对值
fabs	fabs(-5)	5.0	double	-5的绝对值
M_PI	M_PI	3.141 592 6	double	数学π的值
sin	sin(30 * M_PI/180)	0.5	double	sin(30度),角度要变为弧度

【例 6-12】 根据 3 个边长计算三角形的面积。

程序设计流程:输入 3 个整数(3 个边长)→计算三角形面积→输出 1 个浮点数(面积)。

输入:定义 3 个 int 型变量 a、b、c 分别代表 3 个边长,本题假定由这 3 个整数能组成一个三角形。

处理:

① 三角形面积公式:$area = \sqrt{s(s-a)(s-b)(s-c)}$,$s = \dfrac{a+b+c}{2}$。

② 为了保证计算精度,area 与 s 均定义为 double 型浮点数。

③ 平方根要引用数学库 cmath 中的 sqrt 函数。

④ 在算术表达式中,乘号 * 不能省略,使用一对圆括号保证优先级,表达式中使用空格增加可读性。因此,在 C++中的表达式可写为 s=(a+b+c)/2,area=sqrt(s * (s−a) * (s−b) * (s−c))。

输出:三角形面积,输出结果保留小数点后 2 位。

完整的 C++程序如图 6-16 所示,程序运行时,输入"3 空格 4 空格 5",回车后得到输出结果为 6.00。

```
area.cpp
1  #include <iostream>
2  #include <cmath>
3  using namespace std;
4
5  int main() {
6      int a, b, c;
7      cin >> a >> b >> c;
8      double s = (a + b + c) / 2;
9      double area = sqrt(s * (s - a) * (s - b) * (s - c));
10     printf("%.2f", area);
11 }
```

图 6-16　C++程序——输出 3 个边长组成的三角形的面积

6.4.3　解释型语言——Python 基础

1. 解释方式

解释是将高级语言源代码逐条转换成目标代码同时逐条执行,每次执行都会做逐条解释、逐条执行的过程。只要存在解释器,源程序就可在任何操作系统上执行,而且可直接查看源程序,纠错和维护方便。目前流行的 Python 语言是解释型语言,Python 解释器把源代码翻译成计算机使用的机器语言并运行,使得 Python 更易于跨平台移植。

2. Python 语言编程工具

Python 是一个开源、跨平台的编程语言,并通过多个开源的第三方工具包来实现科学计算、数据分析、人工智能等应用。官网(https://www.python.org/)提供的安装包里包含了基础的 Python 编程环境和方法库,在应用时还需要安装相应的第三方工具包。

初学者推荐安装使用 Python 的科学计算集成环境 Anaconda,它支持多平台,包含了众多流行的科学计算、数据分析的 Python 包。在 Anaconda 官网(https://www.anaconda.com/)下载适合的版本,安装后可以选择多种 Python 开发环境。Jupyter Notebook 是一个浏览器下的交互式编程环境,比较方便完成代码片段并保存,适合初学者练习。Spyder 的界面类似于 Matlab 或 RStudio,可方便地进行单步执行且方便调试。Anaconda Powershell 是以命令行方式执行的窗口。

Anaconda 中的 Jupyter Notebook 以网页形式打开,在网页页面中可直接编写代码,运行后结果会直接显示在代码块下,方便初学者进行语法练习。主要操作方法如下。

① 在"开始"菜单中单击"Anaconda"→"Jupyter Notebook",或在搜索框中输入"Jupyter Notebook",打开 Jupyter Notebook 时会弹出一个控制台窗口和浏览器窗口,不要关闭控制台窗口。

② 在浏览器 Jupyter Notebook 页面中,单击"New"→"Python"新建一个 Python 文件,如图 6-17(a)所示。

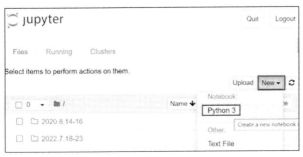 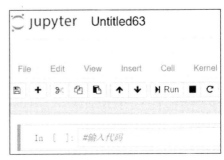

(a) 在Jupyter Notebook中新建一个Python 3文件　　(b) 在In[]:文本框中输入代码

图 6-17　在 Jupyter Notebook 中新建一个 Python 3 源程序

③ 在 In[ ]:右边的文本框中输入代码,如图 6-17(b)所示。单击"+"按钮可增加 In[ ]:文本框。

④ 单击上方"Run"按钮运行代码,文本框下面会显示运行结果。

⑤ 单击工具栏的"磁盘"图标保存文件。

3. Python 的输入输出

目前使用较多的是 Python3.X 版本,其使用 print 输出,如 print("Hello")。输入使用 input()接收一行字符串,如果接收的是一个数值,用 int 函数将字符串转换为整型,用 float 函数将字符串转换为浮点型。

图 6-18 展示了 3 个求矩形面积的 Python 源程序。

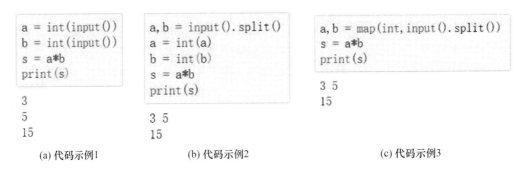

(a) 代码示例1　　　　(b) 代码示例2　　　　(c) 代码示例3

图 6-18　Python 源程序与运行结果——求矩形面积

① 在图 6-18(a)中,每行输入一个整数,因此用两个 int(input())实现将接收的字符串转换为整数并保存到变量中,运行时第一行输入整数 3,第二行输入整数 5,则输出 15,也就是 3×5 的计算结果。

② 在图6-18(b)中,"a,b=input().split()"表示将一行内输入的多个由空格分隔的整数分别保存到变量a与变量b中,再分别使用int函数转换后保存。运行时在一行内输入"3空格5",输出15。

③ 在图6-18(c)中,Python中内置的map函数实现了图6-18(b)中的前3行语句。map函数的第一个参数是函数名如int,后面书写指定映射的数据如input().split(),也就是将函数int作用在input().split()结果中。

Python也有多种格式化输出方式,例如,print语句"print("%d*%d=%d"%(a,b,s))"表示输出"3*5=15"。双引号中遇到"%d"格式说明符,按顺序输出一个整数,其他字符则原样输出。

拓展阅读

Python的输入输出

4. Python的运算符与表达式

在算术运算中,Python中的加、减、乘与C++相同,不同的是除法。"/"能得到实数,整除要使用"//",如"5/2"的值是2.5,"5//2"的值是2。此外,Python的运算符"**"表示幂,如"2**3"表示2^3即8,"4**0.5"表示$\sqrt{4}$即2.0。

在位运算中,Python与C++相同,同样有&(按位逻辑与)、|(按位逻辑或)、^(按位逻辑异或)、~(按位逻辑取反)、>>(右移)、<<(左移)。

Python的逻辑运算符为AND、OR、NOT,对应于C++的&&、||、!。

Python采用代码缩进和冒号区分代码之间的层次,而不是用C语言的分号和大括号{}。缩进一般使用4个空格,同一个级别的代码块的缩进量必须相同。

5. Python库函数的应用

(1) 内置函数

Python具有丰富的内置函数,如input()函数表示输入,int()函数表示转换为整数类型等。内置函数无须任何引用,可以直接在代码中使用。

如图6-19所示,输入一个整数n后,分别输出n的十进制、二进制(以0b开头)、八进制(以0o开头)、十六进制(以0x开头)。Python中的进制转换函数包括bin()函数、oct()函数、hex()函数,分别实现将十进制转换为二进制、八进制、十六进制。

```
n=int(input())
print(n)        #输出十进制整数n
print(bin(n))   #n转换为二进制后输出
print(oct(n))   #n转换为八进制后输出
print(hex(n))   #n转换为十六进制后输出

15
15
0b1111
0o17
0xf
```

图6-19 Python源程序及其运行结果示例——进制转换

(2) 第三方库

Python具有丰富的标准库和第三方库,使用import导入库名。

引入Python的math数学库实现求两个平面坐标点之间距离的源代码如图6-20(a)所示。第一行使用"import math"导入math库;第二行实现一行内输入用空格分隔的4个数并将其转换为float型后依次保存到x1,y1,x2,y2;第三行调用math.sqrt函数计算平方根,pow是求平方的内置函数,将结果保存到d;第四行用print函数输出结果d。运行时输入"1 1 2 3",则这 4 个数值分别被保存到 x1,y1,x2,y2 中,输出 d 值为 2.23606797749979。

平方与平方根的运算可以直接使用幂运算符"**"书写算术表达式,无须第三方库即可实现,如图 6-20（b）所示,从运行结果看,两者完全相同。

```
import math
x1,y1,x2,y2 = map(float, input().split())
d = math.sqrt(pow(x1-x2,2) + pow(y1-y2,2))
print(d)

1 1 2 3
2.23606797749979
```

```
x1,y1,x2,y2 = map(float, input().split())
d = ((x1-x2)**2 + (y1-y2)**2) ** 0.5
print(d)

1 1 2 3
2.23606797749979
```

(a) 代码示例1　　　　　　　　　　　　(b) 代码示例2

图 6-20　"求两点间距离"的 Python 源程序及其运行结果

如果要控制输出小数点的位数,使用格式说明符"%.nf"控制输出小数点后 n 位。例如,修改图 6-20 最后一行的"print(d)"为"print("%.2f"%d)",则输出 d 值为 2.24。

对于更多的标准库与第三方库,请读者自行查阅资料练习。第 7 章也有关于 Python 应用的实例。

6.5　软件应用——绘制流程图

绘制流程图可以使用 Office 办公产品的形状组合完成,也可以使用比较丰富的第三方工具,免费或试用版本的软件如亿图图示、ProcessOn、Diagrams.net 等,它们不仅能够绘制流程图,还能够绘制思维导图、组织结构图等常用的软件开发用图。

本节以 Diagrams.net 为例,介绍使用该软件绘制流程图的方法。

Diagrams.net 原名为 Draw.io(),是一个开源免费小软件,支持多操作系统平台,可以导出各类图像和文档,如 png、jpg、svg、PDF、HTML 等,适用于商务、工程、网络设计、软件设计等多种行业领域。该软件支持浏览器在线绘图,或下载到本地绘图。

拓展视频

绘制流程图

该软件提供多个绘图模板。打开软件,如图 6-21(a)所示,单击"创建新绘图"按钮,在弹出的对话框中选择"空白框图",如图 6-21(b)所示,上方选择修改文件类型,默认是 XML 文件(.drawio),单击下拉菜单可修改为其他格式,如图 6-21(c)所示,改为"可编辑位图文件(.png)"。在文件名的文本框中输入文件名,单击"创建"按钮,新建一个画布。

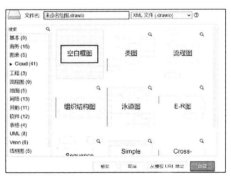

(a) 打开Diagrams.net软件　　(b) 新建空白框图　　(c) 保存文件类型

图 6-21　用 Diagrams.net 软件新建一个空白框图

软件左边显示了可用的图形库,分为通用、杂项、高级等多组,如图 6-22(a)所示,在上方"搜索图形"文本框中可输入图形关键字,如"箭头",回车后会显示所有的箭头形状,单击下方的"更多图形"可加载更多的图形库,如电路图、材料设计图等。

显示选中要应用的图形,用鼠标拖曳图形到右边的绘画区,如图 6-22(b)所示,选中圆角矩形并将其拖拽到右边绘画区。在绘画区中单击选中图形,图形四周出现一些圆点,如图 6-22(c)所示,当鼠标指针移动到图形中心时出现十字空心双向箭头,可以移动图形位置。当鼠标指针移动到图形远点时出现斜向双箭头,拖拽图形能改变图形大小。当鼠标指针移动到 4 条边中心点的圆时会看到 4 个方向的箭头,如图 6-22(d)所示,单击箭头后会提示添加下一个图形,或者利用线段与其他图形相连。

(a) 图形库

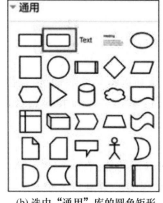
(b) 选中"通用"库的圆角矩形

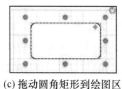
(c) 拖动圆角矩形到绘图区

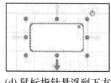
(d) 鼠标指针悬浮到下方会显示向下箭头

图 6-22 用 Diagrams.net 软件选中并拖动圆角矩形

图 6-23 所示是一个简单的流程图图像文件。开始与结束是圆角矩形,带箭头的线段表示程序的顺序和流向。首先输入一个整数 n(平行四边形),然后判断条件:n 除以 2 的余数是否为 0(菱形),如果是(Y)则输出 n 是偶数(平行四边形),否则(N)输出 n 是奇数(平行四边形)。制作完成后单击上方的"保存"按钮,或单击菜单"文件"→"导出为"→JPG 图片文件或其他格式文件。

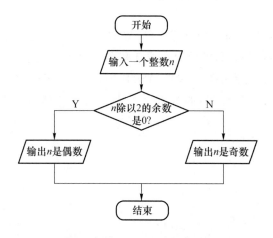

图 6-23 流程图示例——判断整数是奇数还是偶数

6.6 头歌在线实训6——数据运算与程序设计基础

【实验简介】本章在线实训包括多个C++与Python可选编程任务,以及绘制流程图等应用。

【实验任务】登录头歌实践教学平台,完成本章多个实验,每个实验包括多关,每一关可以单独完成,也可以一次性完成,全部完成则通关。实验截止之前允许反复练习,取最高分。

头歌实践教学平台的登录与实验方法见附录。实验任务及相关知识见二维码。

拓展阅读

第6章
在线实训任务

习题与思考

1. 如果用 n 位二进制表示一个有符号整数和无符号整数,取值范围分别是多少?
2. 如果一台机器中用8位二进制 11111111 表示一个有符号整数的补码,则它的实际值是多少?
3. 算法的主要特点有哪些?
4. 使用任何一种高级语言编写程序实现以下功能:在一行内输入 4 个浮点数,分别表示两个点的坐标,计算并输出两个点之间的距离,保留小数点后 2 位。

输入输出样例如下:

输入:1 1 2 3　　　　　　　(4个数之间以用空格、"Tab"键或回车符分隔)
输出:2.23607　　　　　　　(输出小数点位数时不显示多余的0)。

提示:假设两个点 A、B 的坐标分别为 $A(x_1, y_1)$、$B(x_2, y_2)$,则 A 和 B 两点之间的距离的公式为

$$d = \sqrt{(x_1 - x_2)^2 + (y_1 - y_2)^2}$$

5. 使用任何一种高级语言编写程序实现以下功能:输入一个大写字母,将其转换为对应的小写字母向右的 3 位。例如,输入 A 则输出 c,输入 B 则输出 d,……,输入 X 则输出 z,输入 Y 则输出 a,输入 Z 则输出 b。

提示:大写字母+32得到对应的小写字母,将结果-'a'或-97得到一个整数,在0~25。接下来变成整数的算术运算问题,整数向右循环移动3个位置的表达式是"(整数+3)%26"。最后将表达式+97或+'a'得到小写字母的ASCII码,保存到字符变量并输出即可。

6. 绘制流程图:输入一个整数,如果大于等于60输出"通过",如果小于60输出"未通过",保存为png格式。

第7章 数据处理与数据库基础

数据是数字化、网络化、智能化的基础,深刻改变着社会的生产方式、人们的生活方式和社会的治理方式。本章介绍常用的数据处理概念、电子表格的数据处理与分析应用,以及数据库的基本概念与应用实例。

7.1 数据与数据处理概述

7.1.1 数据与信息

数据(Data)是客观事物的符号表示。任何组织都离不开数据,如学校要管理学生的入学、考试、毕业等,企业要管理员工、物资、销售等。数据的表示离不开语义,单纯的数字20可能表示年龄为20岁,成绩为20分,班级有20人等。信息可用数值、文本、声音或图形等多种方式的数据存储与表示,并且通过数据处理挖掘出更深层的信息。

一个数据可由若干个数据项组成,数据项有名称、类型、长度、取值范围等语义描述。数据项是数据记录中最基本的、不可分割的最小单位。例如,一条学生基本信息记录包括的数据项由学号(5位字符型)、姓名(20位字符型)、出生日期(8位日期型)等组成。

7.1.2 数据结构分类

组织数据的形式主要包括结构化数据(Structured Data)、半结构化数据(Semi-structured Data)、非结构化数据(Unstructured Data)。

① 结构化数据一般指能用二维表结构逻辑表达实现的数据,存储在数据库中。结构化数据首先定义了数据结构,数据存储和排列都有规律,方便进行数据查询和修改等操作。

② 半结构化数据指有一定的结构,不符合关系数据库的结构化特点,但包含数据语义的标记描述,也被称为自描述的结构,如XML、JSON(JavaScript Object Notation)等。

③ 非结构化数据指其他没有固定结构格式的数据,如办公文档、文本、网页、日志、图像、音频、视频等多媒体数据,交通、天气等传感器数据,一般直接整体存储为二进制的数据格式。

7.1.3 数据处理

数据要通过采集、预处理、存储、分析等处理工作,才能产生特定的信息形式,满足数据的检索、排序、统计分析等服务。

① 数据采集:对各种来源数据采用相应技术采集所需信息,如网络爬虫、网站日志、物联网传感器、卫星图像、监控图像、聊天消息、GPS定位等。

② 数据预处理:首先要进行数据清理,如去掉无用或错误信息,补充缺失信息等;然后进行数据转换,如商品ID的命名与编码等;最后集成多个结构化、半结构化、非结构化数据。

③ 数据存储：将集成数据保存到分布式计算环境，以满足大数据的高速数据流、海量数据等需求。

④ 数据分析：对数据进行各种运算和分类以得到进一步的信息，利用机器学习算法和统计分析模型等挖掘与预测行为。

⑤ 数据服务：数据检索、排序、统计分析等服务，并将结果以图表等可视化形式呈现。

7.2　电子表格的数据处理与分析

常见的电子表格软件包括 WPS Office 中的表格与 Microsoft Office 中的 Excel。两个软件的主要作用是制作电子数据表格，通过函数和公式进行数据运算，通过排序、筛选、分类汇总、数据透视表等开展数据统计，通过图形可视化展示数据分析结果，通过"协作与共享"实现与其他格式数据共享，成为各行业数据处理的流行工具。Microsoft Office 中的 Excel 还提供宏命令和 VBA 等开发应用系统功能，有更多可选的数据分析与数据挖掘组件。WPS Office 的电子表格文件扩展名为 et，也可保存为 Excel 的 .xls 文件、xlsx 文件。

本节介绍电子表格通用的数据存储、采集、处理、分析功能。

7.2.1　数据存储——数据源表设计思维

建立数据表是数据处理分析的第一步。设计数据表结构，方便数据的归类化，也便于进一步的分析。

1. Excel 表结构

一个 Excel 文件又称工作簿（Workbook），默认由 3 个工作表（Sheet）组成，可自由增加多个工作表，就像一本由多张活页组成的书。每个工作表由若干行与列组成，行号以数字 1,2,3…序列递增，列号以字符 A,B,C,…,Z,AA,AB,AC,…AZ,BA,BB,…序列递增，最大列号为 IV 或 XFD。扩展名为 xls 文件（2000 之前版本）的工作表有 65 536 行、256 列，扩展名为 xlsx 文件（2000 及之后版本）的工作表增加到 1 048 576 行、16 384 列。

表格中行与列交叉的部分称为"单元格"，这是表格的最小单位，单元格地址为"列号行号"。单击单元格可选中单元格，双击单元格可编辑单元格内容。当一个单元格被选中时，工作区上方编辑栏中左边显示单元格地址，右边是数据或公式。如图 7-1 所示，选中了第二行第二列单元格 B2，值是文本型"0123450"。

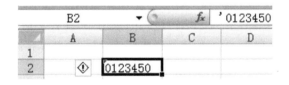

图 7-1　Excel 单元格

2. 表格列设计

Excel 表格的每一列用来描述一类对象的属性信息，定义的结构应有利于数据运算与数据分析。例如，列标题"价格"的值为 500 元、5 000 元、50 000 元等，单元格内若不是数值数据或者单位不统一，则无法进行计算，可将列标题改为"价格(元)"或"价格(千元)"，该列仅输入具体的数值，便于计算。此外，汇总数据、合并单元格数据均会影响后期的数据处理。

3. 数据参数设计

为了保证数据的有效性，Excel 表格中允许限定单元格的取值范围。例如，月份包括 12 个月，性别包括男和女等。参数表里的数据等同于系统的配置参数，供源数据表和分类汇总表调用，源数据表中可限定某列数据必须来源于参数表。

7.2.2 数据采集——表输入与导入数据

1. 表输入

单元格的数据类型主要包括数值型、货币性、日期型、百分比、文本等。输入数据时会默认设定类型，也可打开"单元格格式"指定数据类型与格式，如数值型小数点保留 2 位等。在单元格中输入时以单引号开头的一组数字会被认为是文本型。

一些有规律的数值或公式均可以使用"自定义填充"功能。以图 7-2 为例，学号是有规律的：前 2 位是学院编号，后 3 位是顺序号，可以使用"自动填充"功能。首先在 A3 中输入 11001，在 A4 中输入 11002，选中 A3 与 A4 两个单元格，将鼠标指针移动到单元格右下角，当鼠标指针变为细的十字形时拖动鼠标向下，则下面的单元格会按照两个单元格数值的规律自动加 1 运算，这样即可得到该学院其他同学的学号。

(a) 学生信息表

(b) 参数表

图 7-2　Excel 表输入样例

性别列的男生较多，可以在 C3 单元格中输入"男"，然后选中单元格 C3 并将鼠标指针移动到该单元格右下角，当鼠标指针变为细的十字形时双击鼠标，会自动填充"男"到最后一行。然后修改 C5 单元格为女，再复制(Ctrl+C)、粘贴(Ctrl+V)到 C6，或拖拽鼠标复制。

学生必须属于某一学院，为了防止输入的学院名称不规范，录入数据时可限定数据来自下拉列表。例如，在"参数"工作表中输入 C 列的所有学院名称，则在 Sheet1 数据表中选中学院列，选择菜单"数据"→"有效性"(或"数据验证")，在弹出的窗口中将有效性条件"允许任何值"改为"序列"，在"来源"中选择"参数"工作表中的 C2 至 C11。这样当输入学生所在学院时，可单击学院列显示下拉菜单，选择合适的学院值。

2. 导入数据

数据菜单的"导入数据"支持多种格式的数据源文件，如 txt、xslx、csv、accdb 等文件，以及网站数据。以导入文本文件为例说明。首先，在 Excel 中选中导入数据要保存的起始单元格，选择菜单"数据"→"导入数据"，在弹出的窗体中选择"直接打开源文件"，单击"选中数据源"选中要导入的 txt 文件后预览数据，如图 7-3(a)所示，单击"下一步"按钮进入步骤 2 对话框，选择要导入的每行记录,对于数据项之间的分隔符,如图 7-3(b)所示勾选"Tab 键"复选框,单击"下一步"按钮进入步骤 3 对话框,修改列的数据类型,如图 7-3(c)所示,将 YXH 修改为"文本"型。按向导完成每步操作,并在预览窗口中观察效果,最后单击"完成"按钮完成导入。

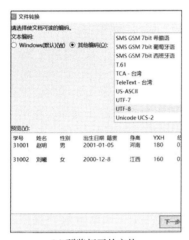  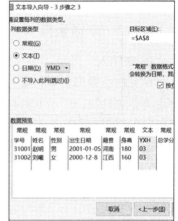

(a) 预览打开的文件　　　　　　(b) 选择数据项的分隔符　　　　　　(c) 修改列的数据类型

图 7-3　导入文本文件数据

7.2.3　数据处理——数据清洗与数据加工

数据处理的第一步是数据清洗,目的是将多余或异常的数据清洗出去,保留有价值的数据。数据处理的第二步是数据加工,通过数据运算得到平均值、最大值等更有价值的数据信息。通过公式与函数进行数据抽取、合并与拆分等加工,使之更符合数据分析的需求。本节仅介绍一些常用用法。

1. 数据清洗

常见的清洗动作包括删除重复项、批量更改、检查数据规则等。

① 删除重复项。选择检查的数据范围,单击菜单"数据"→"重复项"下拉菜单中的"删除重复值"。

② 批量更改。单击"开始"→"查找"下拉菜单中的"替换"或按快捷键"Ctrl+H"打开对话框,输入查找内容和替换的新内容或格式,单击"替换"或"全部替换"按钮。单击"选项"按钮设置更多的替换规则,如图 7-4 所示,如果查找内容是区分大小写、单元格完全匹配、区分全/半角则勾选相应的复选框,查找范围默认是工作表,单击下拉菜单选择工作簿等。

图 7-4　替换内容或格式

在"替换"对话框中切换到"定位"选项卡,选择要定位选中的内容,圆圈是单选框仅能选择一项,方框是复选框允许选择多项,确定后看到单元格中选中了定位单元格,输入要替换的值,按"Ctrl+Enter"组合键完成批量替换。

图 7-5 "定位"选中数据

③ 检查数据规则。选中某列数据,选择菜单"开始"→"条件格式"下拉菜单中的"突出显示单元格规则",选择满足某个条件规则的数据标记突出显示后检查问题。

2. 数据加工

数据加工的一个重要手段是运用公式、函数完成进一步的数据提取、运算、统计等功能。

1) 公式中的运算符

公式中的运算符主要包括算术运算符、比较运算符、文本运算符。

① 算术运算符:+(加)、-(减)、*(乘)、/(除)、%(百分号)、^(乘方)。

② 比较运算符:=(等于)、>(大于)、<(小于)、>=(大于等于)、<=(小于等于)、<>(不等于)。

③ 文本运算符:&(连接文本),& 连接的是常量值或单元格地址。例如,单元格 B2 值为"北京",要在 C2 栏中显示"北京欢迎你",可输入"B2&"欢迎你""(注意是西文双引号)。

2) 公式的输入与编辑

公式必须以等号(=)开头,由常量、单元格引用、函数、运算符组成,如=10+8、=SUM(A2:C2)等。

双击单元格时可以编辑单元格,或者选中单元格后,单击上方的"fx"按钮,弹出"插入函数"对话框。编辑结束时,单击√确定编辑,单击×取消编辑。此外,"Enter"键或"Tab"键都可以结束编辑。

3) 单元格地址引用

在计算公式或函数中需要引用的单元格地址分为相对引用、绝对引用和混合引用。

① 相对引用指单元格引用会随着公式所在单元格位置而改变。例如,在 E2 单元格中输入"=SUM(B2:D2)",拖动复制公式到 E3 时,公式自动变为"=SUM(B3:D3)",持续拖动可快速对每行的对应列填充公式。

② 绝对引用是在行号和列号前面都加"$"符号,表示地址被锁定,不随公式位置变化而改变。例如,在 E2 单元格中输入"=SUM($B$2:$D$2)",当向四周拖动复制公式时,公式不变。

③ 混合引用指只在行号前面加"$",或只在列号前面加"$",如 A$1、$B2 等,复制公式时,加了$的地址部分不变,而不加的部分会变化。

引用多个单元格地址时,连续的多个单元格地址使用冒号分隔开始单元格地址与结束单元格地址,例如,"A1:C2"表示 A1、B1、C1、A2、B2、C2 共 6 个单元格。引用不连续的多个单元格地址时使用逗号分隔各单元格地址,例如,"A1,C2"表示 A1、C2 共 2 个单元格,而"A1:B2,C2"表示 A1、B1、A2、B2、C2 共 5 个单元格。

4) 常用函数

数据清洗加工最常用的统计类函数包括 AVERAGE、COUNT、COUNTIF、MAX、MIN、RANK.EQ 等,数学计算类函数包括 SUM、SUMIF、ROUND、SIN、SUMPRODUCT 等,文本型函数包括 LEFT、MID、RIGHT、TEXT、CONCATENATE 等,查找与引用函数包括 VLOOKUP 等。

(1) SUM 求和、AVERAGE 求平均值、MAX 求最大值、MIN 求最小值、COUNT 计数

这几个函数都是对数值型列的数学运算,函数内部是要运算的单元格地址引用。例如:

= SUM(B2:D2)　　　　　　　　　　计算 B2、C2、D2 的和
= MAX(B2,B5:B7)　　　　　　　　 计算 B2、B5、B6、B7 中的最大值

(2) IF 条件、SUMIF 条件求和、COUNTIF 条件计数

这几个函数的特点是对条件为真和假取不同值。

IF 函数包括 3 个参数:测试条件、真值、价值。例如:

= IF("C2>=60","通过","不通过")　　　C2 大于等于 60 则值为通过,否则为不通过
= IF(C2>=85,"A",IF(C2>=60,"B","C"))　 C2 大于等于 85 时为 A,[60,85)为 B,小于 60 为 C

SUMIF 函数、COUNTIF 函数均包括两个参数:单元格范围、条件。例如:

= SUMIF(B2:B10, ">=60")　　　　　B2~B10 这 9 个单元格值大于等于 60 的值的和
= COUNTIF(B2:B10, ">=60")　　　　B2~B10 这 9 个单元格值大于等于 60 的个数

(3) LEFT、MID、RIGHT 文本拆分

LEFT 函数与 RIGHT 函数有 2 个参数,第一个是单元格地址,第二个是从左或右取的位数,而 MID 函数中间增加一个参数:字符串起点。例如,单元格 A2 的值为"1234567",则

= LEFT(A2,1)　　　　　　　　　取 A2 单元格左边第一个字符,值为 1
= RIGHT(A2,2)　　　　　　　　　取 A2 单元格右边两个字符,值为 67
= MID(A2,2,3)　　　　　　　　　从 A2 单元格第二个字符开始取 3 个字符,值为 234

(4) CONCATENATE、TEXT 文本合并

CONCATENATE 函数合并多个字符串为一个,TEXT 函数是将数值转换为单元格格式中指定的格式。例如,单元格 A3 的值为"55",则

= CONCATENATE("a",A3,"@qq.com")　 合并 3 个字符串,值为 a55@qq.com
= TEXT(A3,"0000")　　　　　　　　　按格式转换,值为 0055

(5) VLOOKUP 匹配数据实现数据抽取

VLOOKUP 函数有 4 个参数,举例说明其用法。如图 7-6 所示,"成绩"工作表中汇总学生的所有课程成绩,E 列通过"G103"工作表找到相同姓名的成绩填充,E2 的公式为"= VLOOKUP(B2,'G103'!\$B:C,2,0)",表示若 B2 单元格的值"王林"在"G103"工作表的 B 列范围中被找到则返回第 2 列也就是 C 列的值 93,第四个参数 0 表示精准匹配,若为 1 或不写则是大致匹配,一般使用 0 精准匹配。

如果 VLOOKUP 函数没有找到匹配值,则返回的值为"♯N/A",表示不适用(Not Applicable)。对于公式返回错误值,我们可以使用 IFERROR 函数将出错值用指定值替代,例如,"= IFERROR(VLOOKUP(B2,'G103'!\$B:C,2,0), 0)"表示如果没有找到匹配值则值为 0。

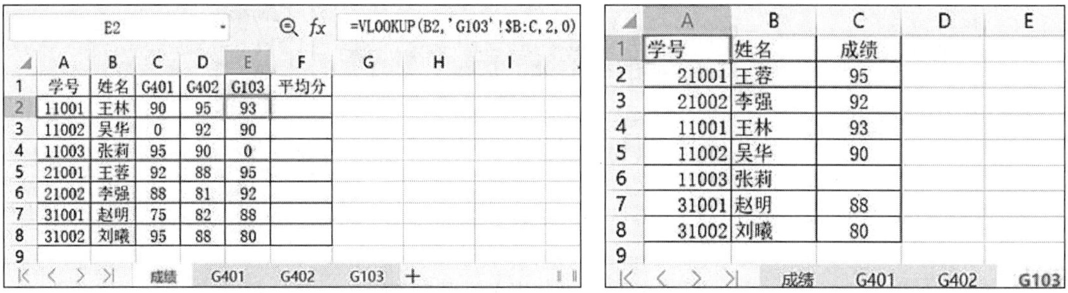

E2　=VLOOKUP(B2,'G103'!$B:C,2,0)

	A	B	C	D	E	F
1	学号	姓名	G401	G402	G103	平均分
2	11001	王林	90	95	93	
3	11002	吴华	0	92	90	
4	11003	张莉	95	90	0	
5	21001	王蓉	92	88	95	
6	21002	李强	88	81	92	
7	31001	赵明	75	82	88	
8	31002	刘曦	95	88	80	

成绩　G401　G402　G103

	A	B	C
1	学号	姓名	成绩
2	21001	王蓉	95
3	21002	李强	92
4	11001	王林	93
5	11002	吴华	90
6	11003	张莉	
7	31001	赵明	88
8	31002	刘曦	80

成绩　G401　G402　G103

图 7-6　“成绩”表 E2 单元格利用 VLOOKUP 函数提取“G103”表中数据

(6) RANK 排名

排名函数 RANK 目前已被精度更高的 RANK.AVG 与 RANK.EQ 代替，RANK 等同于 RANK.EQ，目前允许 RANK 同时使用，图 7-7 展示了几种 RANK 函数排名方法。

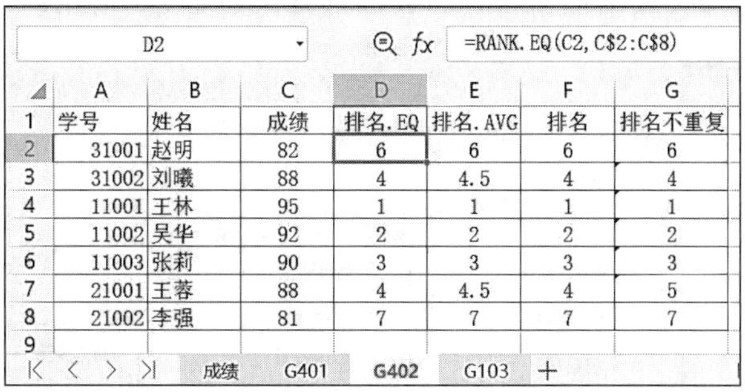

D2　=RANK.EQ(C2,C$2:C$8)

	A	B	C	D	E	F	G
1	学号	姓名	成绩	排名.EQ	排名.AVG	排名	排名不重复
2	31001	赵明	82	6	6	6	6
3	31002	刘曦	88	4	4.5	4	4
4	11001	王林	95	1	1	1	1
5	11002	吴华	92	2	2	2	2
6	11003	张莉	90	3	3	3	3
7	21001	王蓉	88	4	4.5	4	5
8	21002	李强	81	7	7	7	7

成绩　G401　G402　G103

图 7-7　几种 RANK 函数的排名方法

对 C 列按成绩高低排名，D2 的公式为“=RANK.EQ(C2,C$2:C$8)”，表示 C2 在 C2～C8 范围中的值排名，由于下拉复制公式时保持第二个参数值不变，因此第二个参数的行要加 $。

排名默认是由大到小，若是由小到大则要增加第三个参数，值为 1，如“=RANK.EQ(C2,C$2:C$8,1)”。如果成绩没有相同的，则任意一个 RANK 函数的结果全部相同。

对于分值相同的排名，RANK.AVG 函数使用平均值，图 7-7 中有 2 位学生成绩排名相同，则值为 4.5。而 RANK 与 RANK.EQ 相同，排名相同时取排名高的值，图 7-7 中两个值为 4，没有排名 5。

如果成绩相同者按表格顺序排名，则可在 RANK 基础上计算该值在之前出现的次数，按出现顺序排名，公式为“=RANK(C2,C$2:C$8)+COUNTIF(C$2:C2,C2)-1”。G3 单元格的成绩 88 第一次出现，COUNTIF 函数值为 1，排名仍是 4，而 G7 单元格的 COUNTIF(C$2:C7,C7)值为 2，排名变为 5。

7.2.4　数据分析——排序、筛选、分类汇总

1. 排序

Excel 提供多种排序方法，包括按数值、按颜色、按笔画等排序。选中要排序的表格，单击排序中的升序或降序可快速按第一列排序，单击“自定义排序”设置排序条件和排序选项，如图 7-8 所示。

图 7-8　Excel 的排序依据与选项

2. 筛选

数据筛选是指仅显示需要的信息。常用的筛选方法是单击开始菜单的"筛选",此时第一行的各列单元格都会出现三角形按钮,单击可进行筛选操作,也可按列的特点自定义内容筛选、数字筛选、颜色筛选、日期筛选等。数字筛选可设置数字范围是大于、小于或介于,内容筛选可输入包含的文本、开头或结尾字符。各种筛选条件如图 7-9 所示。

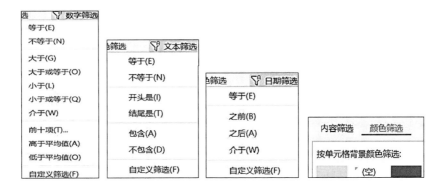

图 7-9　Excel 的各种筛选条件

在文本筛选的条件中可以使用通配符,通配符用法如表 7-1 所示。

表 7-1　文本筛选条件中使用的通配符

通配符	作用	举例
?（问号）	任何单个字符	"a?b"可找到"acb""adb""afb"等
*（星号）	任何数量的字符	"a*b"可找到"ab""aab""acdb"等
~（波形符）后跟?、*或~	问号、星号或波形符	"ab~?"可找到"ab?"等

3. 分类汇总

分类汇总可按照各列快速统计,分类汇总之前要将汇总的项目按汇总列排序,执行分类汇总时,按照排序列分组,对各分组值进行计数、求和等统计操作。

图 7-10 是一个分类汇总样例,首先数据表按 F 列"总评"排序,数据行被分为两组:通过、不通过,然后单击"数据"→"分类汇总",在弹出的对话框中选择分类字段为"总评",汇总方式为"计数",汇总项为"总分",如图 7-10(a)所示,确定后得到分类汇总结果。

如果有多个,再次单击分类汇总,如图 7-10(b)所示进行第二次分类汇总设置,取消勾选"替换当前分类汇总"复选框,确定后显示两个分类汇总数据,如图 7-10(c)所示。

如果删除分类汇总,可在分类汇总对话框中选择"全部删除"。

(a) 汇总方式：计数　　　(b) 汇总方式：平均值　　　(c) 两次分类汇总后的效果

图 7-10　分类汇总样例

7.2.5　数据分析进阶——数据透视图表

数据透视表能够对列进行多种形式的汇总，可用不同视角进行数据分析。第一步选择数据区域，如图 7-11(a)所示的 A1:C13，单击菜单"插入"→"数据透视图"，弹出创建数据透视图窗口，确定后弹出设置界面，如图 7-11(b)所示，分别拖动字段到"行""列""值"中，单击值字段设置下拉菜单，修改汇总方式为求和，左边可看到透视表与透视图效果，透视图可以设置图形效果，图 7-11(c)设置图形类型为"堆积柱状图"，标题为"2019-2021 国内生产总值"，添加元素"线条"→"系列线"等。

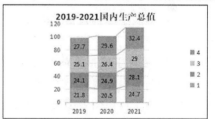

(a) 表数据A1:C13　　　(b) 数据透视表设置　　　(c) 数据透视表与数据透视图的效果

图 7-11　数据源表与透视图结果样例

7.2.6　数据可视化——图表思维与类型

数据可视化是指将数值用比较形象的图形方式展现数据规律。可视化工具很多，分别适合不同需求的客户使用。Excel 能够非常简单地制作各种图形与仪表盘。Tableau 是 Windows 系统下的商业软件，有试用版，适合商务领域，官网网址为 https://www.tableau.com/。 ECharts 是 Apache 的开源产品，可流畅运行在 PC 和移动设备上，兼容绝大部分浏览器，越来越被广泛使用，官网网址为 https://echarts.apache.org/。学术论文图形使用 Origin、Veusz 的也较多。

133

本节简单介绍 Excel 的图表类型和主要元素。

1. 图表类型及适用场合

常见的图表类型包括柱形图、折线图、饼图、条形图、面积图、XY 散点图、地图、骨架图、曲面图、雷达图、树状图、旭日图、直方图、箱形图、瀑布图、漏斗图、组合图等。对于不同的数据和分析要求,可选择不同类型的图表。图表分类可以按行或按列分类。图 7-12 展示了对学生总分的几种图形展示。

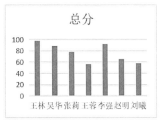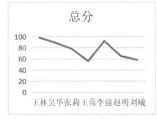

图 7-12　学生总分的柱状图、折线图、饼图、圆环图

① 柱形图:由一系列垂直柱体组成,通常用来比较多个值的相对大小。
② 折线图:显示一段时间内的数据变化趋势,如每天的销量等。
③ 饼图:对比几个数据在形成的总和中所占的百分比值。
④ 圆环图:分析多个系列数据中每个数据各自占总数的百分比值。
⑤ 组合图:几种不同类型的图标展示在一张图上。
⑥ 迷你图:在单元格中插入的一个迷你图标。

拓展视频

Excel 图表演示

2. 图表结构及主要元素

图表区表示整个图表,包含所有数据系列、坐标轴、标题、图例、数据表等主要元素。

① 数据系列是一组数据点,一般是工作表的一行或一列数据,数据点就是工作表中某个单元格的值。
② 二维图表坐标轴包括主坐标轴与次坐标轴。如果两个系列的数据存在数量级的差异,那么就要将两个系列设置为双坐标轴。横坐标轴称为"分类轴"或 X 轴,纵坐标轴称为"数值轴"或 Y 轴。坐标轴包括坐标刻度线、刻度线标签和轴标题等。
③ 标题指图表标题,一般在图表区的顶端中心处,描述图表功能。
④ 图例用于标识图表中每个数据系列的文本框,默认放在图表右侧。
⑤ 数据表指图形中的数据范围,一般使用"Ctrl"键辅助选定若干列数据。

7.3　数据库概述

数据库(Database,DB)技术是在对大量信息流、数据流进行收集、存储、加工、检索、分类、统计、传输等需求不断增加的情况下产生的技术,是信息系统的核心组成部分,也是大数据时代的数字信息化基础。

7.3.1　数据库的基本概念

1. 数据库

数据库是一个长期存储在计算机内、有组织、可共享、统一管理的大量数据的集合,可理解为存放数据的仓库,能被多个应用程序共享使用的逻辑一致的相关数据集合。

2. 数据库管理系统

数据库管理系统(Database Management System,DBMS)是指管理数据库的软件,具有数据定义、数据操纵、维护数据库安全等功能,往往由一个数据库管理员(Database Administrator,DBA)完成用户与数据库的管理和维护。应用软件通过 DBMS 操作 DB,用户无须关心 DB 和 DBMS 存储在哪里、如何操作,用户通过应用软件完成数据的增删改查等一切处理操作。

3. 数据库系统

数据库系统(Database System,DBS)是由数据库、数据库管理系统、操作系统、应用程序、数据库用户等组成的计算机应用系统。用户包括使用者、数据库管理员、软件开发人员。

DB、DBMS、DBS 与用户的关系如图 7-13 所示。

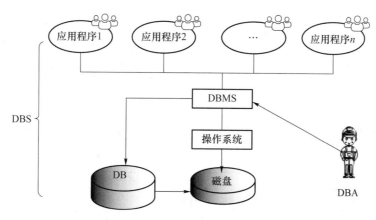

图 7-13　DB、DBMS、DBS 与用户的关系

7.3.2　数据管理技术的发展

数据管理技术的发展经历了 3 个阶段:人工管理、文件管理、数据库管理。计算机的数据管理主要包括文件管理与数据库管理。

① 人工管理指计算机早期的程序管理数据方式。程序中涉及数据的逻辑结构与物理存储、输入与读写方式等,数据无独立性,一旦数据的逻辑结构或物理结构变化,就必须修改程序。

② 文件管理指由操作系统的文件系统管理数据的方式。每个文件规定了数据的存储格式,程序根据文件格式进行读写。文件共享性差,冗余度大,独立性差,一致性差。例如,学校关于学生的管理系统有多个,如教务管理、住宿管理等,每个系统都保存学生的基本信息,造成一个学生信息数据被重复存储、各自管理的现象。一旦学生要修改某项信息,如学生改姓名或转专业,则需要分别到多个应用系统中修改,如果部分系统未修改,则在不同系统中查询到不同的信息,这称为不一致性,主要是由数据冗余造成的。

③ 数据库管理指由专用的数据库管理系统软件管理数据的方式。数据按照数据模型组织结构化并被 DBMS 统一管理,最小存取单位是数据项,程序访问数据时只需要调用相应的数据库访问接口,向 DBMS 发送数据定义与读写查询等处理命令,由 DBMS 执行命令并返回结果给程序。一个数据库可支持多程序共享访问,减少数据冗余,具有共享性高、独立性好、易扩充等特点。

数据管理技术发展的3个阶段中程序与数据的关系如图7-14所示。

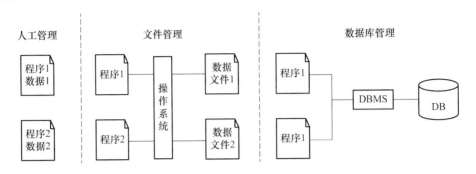

图7-14 数据管理技术发展的3个阶段中程序与数据的关系

7.3.3 关系数据库模型

数据管理技术发展过程中产生了3种基本的逻辑数据模型:层次模型、网状模型、关系模型。直到目前关系模型依然是主流的数据模型,关系数据库采用关系模型作为数据的组织方式。

1. 关系模型的基本概念

关系直观看就是一些二维表,用来表达数据及数据之间的关系。图7-15所示的数据库中有3张表。

图7-15 数据库的3张表"学生""课程""选课"举例

1) 关系模型的主要术语

① 关系:一个二维表,一般用来描述一类现实实体,如学生实体。

② 关系名称:表的名称,如学生、课程、选课。

③ 属性:每个表中的标题就是关系的列,又称属性或字段。

④ 域:每个属性的取值范围称为域。例如,学号是5位数字组成的字符串,性别是字符男或女,出生日期是日期型,总学分是[0,100]之间的整数。

⑤ 元组:每个表格的行,又称记录,表示一个具体的实体信息。例如,学生表中的每一行记录一位学生的基本信息,选课表中的每一行记录一位学生选修一门课程的成绩。

⑥ 主键:能够唯一标识元组的属性,也称为主码。

2) 关系模型的特点

关系模型中的关系(二维表)具有以下特点。

① 每个关系中的属性名不能重复,属性值是不可分解的数据项,属性取值都要来自同一定义域。例如,出生日期若要分别记录年份、月份、日,则要定义3个整数属性;性别只能是男或女,不能是其他值。

② 每个关系中的任意两个元组不能相同。例如,学生表中允许有重名、同性别、同出生日期且总学分相同的同学,但是学号必须不同,否则无法录入数据。关系中定义的主键能够标识元组的唯一性。

③ 每个关系中的行与列的次数是无关的。例如,学生表中调整列顺序并不会产生新的学生表。

2. 实体之间的联系

在现实中,实体之间与实体内部存在的联系主要有3种。

① 一对一。例如,一个班级只能有一名班主任,一位教师只能担任一个班级的班主任,则班级与班主任教师之间存在一对一的关系。

② 一对多。例如,一个班级有多名学生,一名学生只能属于一个班级,则班级与学生之间是一对多的关系。

③ 多对多。例如,一名学生可以选修多门课程,每门课程有多名学生学习,则学生与课程之间是多对多的关系。

表示现实世界中实体及其联系的一种信息结构图是实体-联系(Entity-Relation,ER)图,用实体、联系和属性3种基本成分来表示。图7-16(a)展示了学生与课程的多对多关系。每个实体用矩形框表示,实体的属性用椭圆形表示,联系用菱形框表示,实体之间的联系用线段连接,m 或 n 等字母表示多,1 表示 1。可以使用 Draw.io 等软件绘制实体关系图。

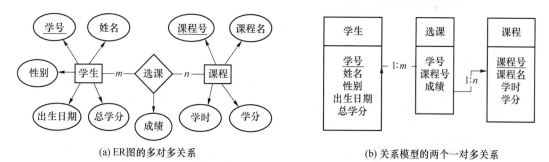

(a) ER图的多对多关系　　　　(b) 关系模型的两个一对多关系

图7-16　多对多关系转换为两个一对多关系示例图

ER图反映的是现实世界,转换成关系数据库的基本原则如下。

① 一个实体一般是一个关系。例如,学生实体、课程实体分别用学生表、课程表表示。

② 一对一的关系可以将两个实体归并为一个关系,或与一对多的联系一样,采用两个关系中的相同属性来表示,在两个关系中属性名可以相同也可以不同,但必须来自同一定义域。

③ 多对多的关系往往分解为多个一对多的关系。例如,学生与课程之间存在"选课"的多对多关系,则将联系也作为一个实体,建立选课关系,将两个多端的实体中的主键加入联系中作为组合主键。如选课关系的主键是(学号,课程号),学号与学生表的学号属性的域相同,课程号与课程表的课程号的域相同,也就是使"学生"与"选课"形成了一对多的关系,"课程"与"选课"也形成了一对多的关系。

转换后关系数据库的3个关系以及关系之间的联系如图7-16(b)所示。

3. 关系模型的完整性约束

关系完整性约束是为了保证数据库中数据的正确性和相容性而对关系模型提出的约束条件或规则,包括3种约束:实体完整性(Entity Integrity)、参照完整性(Referential Integrity)、用户自定义完整性(User-defined Integrity)。

① 实体完整性:每个关系的主键非空且唯一。例如,学生表中的主键是学号,课程表中的主键是课程号,选课表的主键是组合属性(学号,课程号)。

② 参照完整性:一个关系中外键的取值必须来自另一个关系中主键的已有值。例如,选课表中的学生必须是存在的学生,选课表中学号的域必须是学生表中的学号范围。当录入选课表记录时会检查,对于学生表中不存在的学号,则录入数据会失败。因此,选课表中的学号属性被称为外键,满足参照完整性约束。

③ 用户自定义完整性:用户自己限定的属性取值范围。例如,学生的性别域是字符,用户自定义了必须是字符"男"或"女",不允许是其他字符。此外,常见的自定义完整性约束包括属性是否允许空(Null 或 Not Null)、属性值是否唯一(Unique)等。例如,录入学生信息时必须录入学号和姓名,而出生日期允许为空。限定姓名属性是唯一的则表示不允许重名。

4. 关系运算

关系运算主要有两类:一类是传统的集合运算,包括并、交、差,另一类是专门的关系运算,包括选择、投影、连接、除法,有些查询需要几个运算的组合,最常见的关系运算是选择、投影、连接。

① 选择:从关系中找出满足条件的元组。运算时逐个查看每行记录,如果满足条件则显示行。如图7-17所示,对"学生"关系的选择条件是"性别='女'",运算后得到的关系中保留2行女生数据。

图 7-17 关系运算——选择、投影、连接

② 投影:从关系中挑选若干属性。运算时显示表中各行的投影列。如图7-17所示,对"学生"关系的投影列是学号、姓名、性别,则运算后得到的关系由3个属性组成,保留所有元组。

③ 连接:把两个关系中的元组按照条件拼接形成新的关系。条件一般是两个关系中相同域的属性,运算是对两个关系乘积结果的选择。也就是依次对一个关系的元组与另一个关系的所有元组进行条件判断,若满足条件则显示,若两个关系中的属性名相同则显示"表名.列名"。如图7-17所示,将"课程"与"选课"关系连接,条件是"课程.课程号=选课.课程号",则运算时读取课程第一行,分别与选课的各行课程号比较,找到了相同的3行,然后读取课程第二行,分别与选课的各行课程号比较,找到了相同的2行,再读取课程第三行,分别与选课的各行课程号比较,无相同。因此,显示结果包括五行,列则包括两个关系的所有属性,相同的课程号前面加上表名和圆点。

7.3.4 NoSQL 数据库

NoSQL 泛指非关系型的数据库。NoSQL 数据库的产生是为了解决大规模数据应用问题。大数据 NoSQL 用于超大规模数据的存储和数据挖掘,如百度等搜索引擎每天收集大量的数据(用户访问数据、地理位置、社交网络等),这些类型的数据以分布式方式存储,类型多样,结构化的关系型数据库无法满足检索及挖掘需求,因而 NoSQL 得到迅猛发展,广泛应用到云环境中。

1. NoSQL 数据库的类型

NoSQL 数据库主要包括以下 5 种类型:列数据库、文档数据库、键-值数据库、图数据库、时序数据库。

① 列数据库:按列存储数据,方便存储结构化和半结构化数据,同列数据类型相同也便于数据压缩,按列存储无须维护索引,适合针对某一列或几列的海量数据查询。列数据库的代表包括 Cassandra、Hbase 等。在 100 强企业中有 40% 使用 Cassandra。

② 文档数据库:将数据存储在文档中,用 JSON、BSON 和 XML 等格式存储,模式灵活,不需要任何结构定义,能存储比较复杂的数据类型。文档数据库具有丰富的 API 和查询语言,开发人员能轻松地实现数据交互。文档数据库的典型代表是 MongoDB,其特点是高性能、易部署、易使用、存储数据非常方便。国产的 SequoiaDB(巨杉数据库)是一款金融级分布式关系型数据库,适用于核心交易、数据中台等应用场景,既可作为 Hadoop 与 Spark 的数据源以满足实时查询和分析的混合负载,也可独立作为高性能、灵活易用的数据库被应用程序直接使用。

③ 键-值数据库:将数据存储为键值对集合,键(key)是唯一标识符,通过键能快速查询到值(value),键和值均可是简单对象或复杂复合对象。典型代表是 Redis。

④ 图数据库:以点、边(关系)为基础存储单元,典型应用例子是社交网络中人与人的关系,特点是能高效存储和查询图数据,解决复杂的关系问题。典型代表是 neo4J。

⑤ 时序数据库:时序数据记录事物是如何随时间变化的,决策者可以了解到生产和业务中的细微变化,进而对资源、预测、商业智能等方面进行优化。时序数据库的应用场景十分广泛,如金融、能源、智慧城市等。典型代表是 DolphinDB。

2. NoSQL 数据库的特点

① 灵活架构和高可扩展性。NoSQL 数据库种类繁多,NoSQL 无须事先为要存储的数据建立字段,采用半结构化数据格式,随时可存储自定义的数据格式,取消了关系模型的关系限

制,能适应大数据时代的多样数据。

② 分布式计算和高读写性。NoSQL 数据库是分布式的,具有非常高的读写性能,如 key-value 存储,在上万并发连接下,能轻松地完成高速查询。但是由于查询服务器的不同,查询结果可能不一致。

③ 没有标准化 SQL 语言。查询不同的 NoSQL 数据库类型的数据时,所使用的语法有所不同。

7.3.5 主流 RDBMS 简介

DBMS 一般支持多种数据模型,常用的关系型数据库管理系统(Relational Database Management System,RDBMS)主要有 Oracle、MySQL、Microsoft SQL Server、IBM DB2、SQLite、Microsoft Access 等。

① Oracle:甲骨文公司开发的 RDBMS,支持多种数据模型,跨平台,具有良好的安全性和数据存储能力,能满足大中型企业的海量数据需求。作为一种商业数据库,市场占有率高。

② MySQL:开源 DBMS 的小型 RDBMS,跨平台,免费,易学易用,占用资源较少,备受中小型企业青睐,被广泛作为 Internet 的个人或中小型企业网站数据库和开源产品的数据库。

③ Microsoft SQL Server。微软公司发布的 RDBMS,图形化界面友好,操作方便,目前被大中型企业作为 Windows 程序或网站的数据库。

④ IBM DB2:IBM 公司开发的大型 RDBMS。DB2 有多个版本适应不同的操作系统和不同需求的用户,适用于大型应用系统,具有很好的伸缩性,在银行、金融、大型企业中应用非常广泛。

⑤ SQLite:开源的轻型 RDBMS,占用资源少,无须安装和管理,跨平台,适用于嵌入式产品、小型应用程序。

⑥ Microsoft Access:微软 Office 办公软件中的桌面型 RDBMS,图形化界面友好易操作,只能在 Windows 操作系统中使用,一般作为个人用 DBMS。

2022 年 6 月,DB-Engines 依据 DBMS 在搜索引擎上的热度,公布了 DBMS 排行榜,排名前 4 的依然是关系型数据库管理系统,排名第 5、6 的是非关系型数据库。排名前 10 的 DBMS 如表 7-2 所示。

表 7-2 DB-Engines 网站 2022 年 6 月 DBMS 排行榜

DBMS	2021 年排行	2022 年排行	支持的数据模型
Oracle1	1	1	关系、文档、图形、空间、RDF
MySQL	2	2	关系、文档、空间
Microsoft SQL Server	3	3	关系、文档、图形、空间
PostgreSQL	4	4	关系、文档、空间
MongoDB	5	5	文档、空间、时序、搜索引擎
Redis	7	6	键-值、文档、图形、空间、时序、搜索引擎
IBM DB2	6	7	关系、文档、空间、RDF
Elasticsearch	8	8	搜索引擎、文档、空间
Microsoft Access	10	9	关系
SQLite	9	10	关系

注:来源于 https://db-engines.com/en/ranking。

7.4　数据库标准语言 SQL

结构化查询语言(Structured Query Language,SQL)是关系数据库的程序语言,现在的关系型数据库管理系统都支持 SQL,非关系型数据库管理系统也大多支持类似 SQL。SQL 具有数据定义、数据操纵和数据查询等多种功能。数据定义语言(Data Definition Language,DDL)用于定义数据库对象的所有特征,包括 CREATE(定义表、视图、索引等对象)、DROP(删除定义的对象)、ALTER(修改定义的对象);数据操纵语言(Data Manipulation Language,DML)用于数据的存储、查询和修改,主要包括 INSERT(插入表数据)、UPDATE(更新表数据)、DELETE(删除表数据)、SELECT(查询);数据查询是最频繁的功能。本节主要介绍查询语句的基本用法。

拓展阅读

数据更新等 SQL 语句

7.4.1　SELECT 语句

通过 SELECT 语句可实现强大的查询功能。本书仅介绍最常用的 SELECT 语句书写。SQL 关键字是不区分大小写的,为了阅读方便,本书将 SQL 关键字用大写,表名与列名用中文,实际建库时表名与列名一般用英文单词或汉字拼音首字母,如 student 表的 XH、XM、XB、CSRQ、ZXF 分别表示学生表的学号、姓名、性别、出生日期、总学分。

SELECT 查询语句的语法格式为

SELECT [DISTINCT] 字段名1,字段名2,…
FROM 表名1,表名2,…
[WHERE 条件1]
[GROUP BY 字段名 i1,字段名 i2,…
[HAVING 条件2]]
[ORDER BY 表达式1 [ASC/DESC]…];

SELECT…FROM 是查询中必须有的关键词,中括号内表示的是可选内容,如果有则按照顺序书写,可以写在一行或多行,以分号结束。SELECT 后面书写要显示的列名或表名.列名,用逗号分隔,实现投影操作;FROM 后面书写要查询的表名,多个表名用逗号分隔,实现连接操作;WHERE 后面书写条件表达式表示要执行选择操作的行筛选;GROUP BY 用于分组统计;HAVING 是对分组统计结果的筛选;ORDER BY 对显示行按表达式排序,ASC 是默认值表示升序,如果降序排序必须写 DESC。

7.4.2　选择、投影与连接

下面以图 7-15 的"学生""课程""选课"表为例,介绍 SQL 语句的查询操作用法。

1. 选择实例——查询所有女生的基本信息

学生表执行选择操作,要使用 WHERE,条件是"性别='女'";,SELECT 后面用 * 表示显示所有列。完整的 SQL 语句及其查询结果如图 7-18 所示。

SQL语句	学号	姓名	性别	出生日期	总学分
SELECT * FROM 学生 WHERE 性别='女';	11003	张莉	女	2000/2/15	5
	21001	王蓉	女	1999/11/12	6

图 7-18　SQL 语句及其查询结果实例——查询所有女生的基本信息

WHERE 条件是对数据表按行筛选满足条件的行,常见的比较运算符包括>、>=、<、<=、==、<>(或!),逻辑运算符包括 AND(逻辑与)、OR(逻辑或)、NOT(逻辑非),此外还有"BETWEEN…AND"表示条件取值范围,LIKE 表示模糊匹配,IN 表示集合范围等。例如,选择成绩在 90~100 之间的学生信息,条件表达式可用"成绩>=90 AND 成绩<=100"或"成绩 BETWEEN 90 AND 100"表示。选择姓张的学生信息,可用"姓名 LIKE '张%'"。详细 SQL 语句条件请通过更多实验和查阅资料学习。

2. 投影实例——显示所有学生的学号、姓名、性别

学生表执行投影操作,SELECT 后面书写显示的列名,用西文逗号分隔。完整的 SQL 语句及其查询结果实例如图 7-19 所示,显示学生的 3 列信息。

SQL语句
SELECT 学号,姓名,性别 FROM 学生;

学号	姓名	性别
11001	王林	男
11002	吴华	男
11003	张莉	女
21001	王蓉	女
21002	李强	男

图 7-19 SQL 语句及其查询结果实例——显示所有学生的学号、姓名、性别

3. 选择投影实例——显示所有女生的人数、平均总学分、最高总学分

学生表执行选择操作的条件是"性别='女'",再对满足条件的行进行汇总计算。SQL 语言中的聚集函数 COUNT、AVG、MAX、MIN、SUM 分别表示计数、平均值、最大值、最小值、求和,函数名后用一对圆括号括起要汇总计算的列名。

COUNT 计数不限列名可用任意列名或写 *,其他几个函数只能对数值列进行汇总计算,函数表达式的列没有列名,一般用 AS 定义列的别名,方便显示和进一步检索。完整的 SQL 语句及其查询结果如图 7-20 所示。

SQL语句
SELECT COUNT(*) AS 人数,AVG(总学分) AS 平均总学分,MAX(总学分) AS最高总学分 FROM 学生 WHERE 性别='女';

人数	平均总学分	最高总学分
2	5.5	6

图 7-20 SQL 语句及其查询结果实例——显示所有女生的人数、平均总学分、最高总学分

4. 选择投影连接实例——显示所有选课"大学计算机"的学生的学号、姓名及成绩,按成绩降序排序

本次执行的运算包括连接、选择、投影 3 个。

学生表与选课表通过相同的属性"学号"连接为一张表,此表再与课程表通过相同的属性"课程号"连接为一张表。因此连接 3 张表的条件是"学生.学号=选课.学号 AND 课程.课程号=选课.课程号"。

连接后的表再进行选择运算,条件是"课程名='大学计算机'"。

最后是投影运算,显示列:学号、姓名、成绩。由于学号在学生表与选课表中同名,显示学

号列时要增加表名限定,如选课.学号。

SQL 语句的表连接支持两种写法:一种是 FROM 后面用逗号分隔多个要连接的表名, WHERE 的条件包括多表连接条件以及选择条件,使用 AND 连接多个条件,FROM 写投影列;另一种写法是用"JOIN 表名 ON 表连接条件"将两个表连接成一个表,WHERE 中仅包含单表的选择操作。

两种写法的完整 SQL 语句及其查询结果如图 7-21 所示。

SQL语句
SELECT 选课.学号,姓名,成绩 FROM 学生,选课,课程 WHERE 学生.学号=选课.学号 AND 课程.课程号=选课.课程号 AND 课程名='大学计算机' ORDER BY 成绩 DESC;

SQL语句另一种写法
SELECT 选课.学号,姓名,成绩 FROM 学生 JOIN 选课 ON 学生.学号=选课.学号 　　　　 JOIN 课程 ON 课程.课程号=选课.课程号 WHERE 课程名='大学计算机' ORDER BY 成绩 DESC;

学号	姓名	成绩
11003	张莉	95
21001	王蓉	92
11001	王林	90

图 7-21　SQL 语句及其查询结果实例——显示所有选课"大学计算机"的学生的信息并按成绩降序排序

7.4.3　分类汇总

数据按列分组,对各组进行计数、求和等统计工作。

1. 分组统计实例——显示各门课程的课程号、平均分、最高分、最低分

GROUP BY 用于按"课程号"列进行分组,再对每组数据汇总统计。

注意,聚合函数是对分组数据的汇总,运算后的结果仅有分组列和汇总结果,因此 SELECT 中的列名只能是 GROUP BY 的列名以及聚集函数。

完整的 SQL 语句及其查询结果如图 7-22 所示。

SQL语句
SELECT 课程号,AVG(成绩) AS 平均分,MAX(成绩) AS 最高分,MIN(成绩) AS 最低分 FROM 选课 GROUP BY 课程号;

课程号	平均分	最高分	最低分
G401	92.33	95	90
G402	84.50	88	81
G103	85.75	90	80

图 7-22　SQL 语句及其查询结果实例——显示各门课程的课程号、平均分、最高分、最低分

2. 分组统计筛选实例——显示成绩优秀(＞=90 分)达到 2 人及以上的课程号和选课人数

首先要用 WHERE 执行表数据的选择操作,条件是"成绩＞=90",然后对满足条件的行按课程号分组,并对分组数据进行计数,最后筛选计数结果,条件是"COUNT(*)＞=2"。

注意,WHERE 条件是对表数据行的筛选,HAVING 条件是对表分组统计结果的筛选。

图 7-23 展示了完整的 SQL 语句,以及表数据经历了选择、分组统计、分组筛选的过程结果。

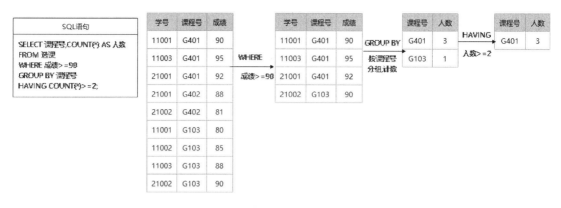

图 7-23　SQL 语句及其查询结果实例——显示成绩优秀(≥=90 分)达到 2 人及以上的课程号和选课人数

7.5　大数据与人工智能简介

人工智能与大数据是密不可分的,很多大数据的应用被归结为人工智能,随着大数据不断累积,深度学习及强化学习等算法不断优化,应加强对数据的理解、分析、发现和决策能力,进而挖掘出数据背后的价值。

7.5.1　大数据

大数据(Big Data)是一种规模大到在获取、存储、管理、分析方面大大超出了传统数据库软件工具能力范围的数据集合,是一种需要新处理模式才能具有更强的决策力、洞察发现力和流程优化能力的海量、高增长率和多样化的信息资产。

1. 大数据的特征

业界一般认为大数据具有 5V 特点。

① 海量(Volume):大数据的数据量巨大。大数据的采集、计算、存储的规模不断扩大,计量单位从 GB 到 TB 再到 PB 甚至更高的 EB 和 ZB 等,每一级是前一级的 1 024 倍。

② 多样(Variety):数据的种类和来源多样化。数据类别包括结构化、半结构化和非结构化数据,数据来源以互联网和物联网为主,如网络日志、网页链接、地理位置信息、传感器数据等。数据格式多样,包括文本、音频、视频等多媒体信息,多种类型的数据对数据的处理能力提出了更高的要求,要在大量数据中保留有用的信息,舍弃无用的信息,找到关联的信息。

③ 价值(Value):随着互联网以及物联网的广泛应用,每天从各类网站、电子商务、社交网络等平台中产生的格式多样的海量真实数据,被收集和组织成能高速处理的数据,进而产生极高的价值。但是数据价值密度相对较低,例如,在不间断的监控过程中,有用的数据可能只有一两秒。如何通过强大的机器算法来更迅速地挖掘数据价值,是大数据时代最需要解决的问题。

④ 高速(Velocity):数据增长速度快,处理速度也快,具有较强的时效性。大数据处理遵循"1 秒定律",就是强调可从各种类型数据中快速获得高价值的信息,例如,搜索引擎要求几分钟前的新闻能够被用户查询到,这是大数据区别于传统数据挖掘的显著特征。

⑤ 真实(Veracity):在大量多源数据中,数据的准确性和可信赖度,也就是数据的质量更为重要。如果数据本身有问题,那么分析结果也不会正确。

2. 大数据与云计算的关系

大数据与云计算密不可分,大数据依托云计算的分布式处理、分布式数据库、云存储、虚拟化技术等架构提供服务。

大数据也是云计算的重要应用。Hadoop是一个由Apache基金会开发和维护的开源分布式计算和存储框架,为庞大的计算机集群提供可靠的、可伸缩的应用层计算和存储支持环境。它的分布式文件系统(Hadoop Distributed File System,HDFS)解决了大规模数据的分布式存储问题,MapReduce解决了大规模数据的分析处理问题,Yarn解决了数据分析的资源管理和作业调度问题,可实现基于分布式架构的机器学习与深度学习等大数据分析。

7.5.2 人工智能

人工智能(Artificial Intelligence,AI)是研究、开发用于模拟、延伸和扩展人的智能的理论、方法、技术及应用系统的一门新的技术科学。人工智能试图了解智能的实质,并生产出一种新的能以与人类智能相似的方式做出反应的智能机器。人工智能可以对人的意识、思维的信息过程进行模拟,目标是使机器能够胜任一些人类智能才能完成的复杂工作。

20世纪70年代以来,人工智能被称为世界三大尖端技术之一(空间技术、能源技术、人工智能),也被认为是21世纪三大尖端技术(基因工程、纳米科学、人工智能)之一。

1. 人工智能研究的基本内容

1) 知识表示

知识表示是将人类知识形式化或模型化,包括符号表示法、连接机制表示法。符号表示法是使用各种包含具体含义的符号,以各种不同方式和顺序组合起来表示知识的一类方法;连接机制表示法是指把各种物理对象以不同的方式及顺序连接起来,并在其间互相传递及加工各种包含具体意义的信息来表示相关概念和知识。

2) 机器感知

机器感知是使机器具有类似于人的感知能力,其中以机器视觉和机器听觉为主。机器视觉是让机器能够识别并理解文字、图像等,机器听觉是让机器能识别并理解语言、声音等。

3) 机器思维

机器思维是指机器(计算机)能对通过感知得来的外部信息及机器内部的各种工作信息进行有目的的处理,使得机器能模拟人类思维活动。

4) 机器学习

机器学习研究如何使机器(计算机)具有类似于人的学习能力,使它能通过学习自动获取知识。

5) 机器行为

机器行为指计算机的表达能力,即说、写、话等能力,模拟人的四肢功能,如走、取物等。

2. 机器学习

机器学习是研究如何使机器具有类似于人的学习能力的一门学科,已广泛应用于数据挖掘、计算机视觉、自然语言处理、搜索引擎等多个领域。

1) 监督学习与无监督学习

机器学习理论主要是设计和分析一些让计算机可自动学习的算法,按学习形式可分为监督学习(Supervised Learning)、无监督学习(Unsupervised Learning)、半监督学习和强化学习。

监督学习是指利用一组已知类别样本调查分类器的参数,使其达到所要求性能的过程。监督学习是从标记的训练数据来推断一个功能的机器学习任务,根据在学习过程中所获得的经验、技能,对没有学习过的问题也可以做出正确解答,使计算机获得这种泛化能力。

无监督学习是一种不需要人工输入标注数据来学习的方式,通过学习算法来发现输入数据中隐含的规律。聚类(K-means)算法是常见算法,将大量未知标签的数据集,根据数据的特征属性划分为不同的类别,使得类别内部的数据相似度高,类别间的相似度较低。

2) 深度学习

深度学习(Deep Learning)是目前最为活跃的一类机器学习方法,基于人工神经网络(Artificial Neural Network,ANN)。

人工神经网络是指从信息处理角度对人脑神经元网络进行抽象建立模型,目的是通过研究人脑结构和功能,找到训练计算机模拟人的学习方法,本质上是一种计算模型。一个基本的神经网络由3个层次的结构构成:输入层、隐藏层、传输层。输入层负责导入数据,隐藏层负责对导入数据进行抽象化处理,传输层负责输出处理好的数据。

深度学习的核心是深度神经网络,其深度体现多层神经网络结构,每一层都是一个计算单元,并且这些计算单元之间具有带有权值的连接。神经网络通过调整权值,可以学习到模式并做出预测。深度学习的优势是它能够自动地从大量训练数据中对特征进行有效的学习,将特征提取和模型训练结合在一起,具有强大的学习能力,它的最终目标是让机器能够像人一样具有分析学习能力,能够识别文字、图像和声音等数据。

常用的深度学习模型包括卷积神经网络(Convolutional Neural Network,CNN)、递归神经网络(Recurrent Neural Network,RNN)、生成对抗网络(Generative Adversarial Networks,GAN)等,它们主要应用于图像分类、目标检测、语义分割、计算机视觉、图像识别、自然语言处理等领域。

7.6 应用实例——创建与操作学生数据库

本实验创建一个简单的学生数据库,实现对学生基本信息的管理,包括对学校的院系信息以及院系内学生基本信息的录入、修改、查询等操作。各查询的样例数据及表的结构如表7-3所示。

表7-3 学生数据库的表结构及表样例数据

表名	表作用	表样例数据						表结构				
		系号		系名				列名	列说明	列类型	宽度	键	其他
depart-ment	院系基本信息	01		地学院				YXH	院系号	文本	2	主键	非空
		02		材料学院				YXM	院系名	文本	30		非空
		04		计算机学院									
		学号	姓名	性别	出生日期	系号	总学分	列名	列说明	列类型	宽度	键	其他
		11001	王林	男	1999-1-23	01	5	XH	学号	文本	5	主键	非空
		11002	吴华	男	1999-3-28	01	3	XM	姓名	文本	20		非空
student	学生基本信息	11003	张莉	女	2000-2-15	01	5	XB	性别	文本	2		默认男
		21001	王蓉	女	1999-11-12	02	6	CSRQ	出生日期	日期/时间	格式:长日期		YYYY-MM-DD
		21002	李强	男	2000-3-20	02	7	YXH	系号	文本	2	外键	department(YXH)
								ZXF	总学分	数字	短整型		0-100

本实例基于 SQLite 完成 2 个表的创建、数据输入及查询等基本操作。如果要使用 Office 软件自带的 Access 完成本实验,请扫描二维码查看实验过程。

拓展阅读

Access 创建与操作学生数据库

7.6.1 SQLite 的软件下载与安装

SQLite 是基于 C 语言库实现的一个小型、快速、功能齐全的开源 SQL 数据库引擎,可内置于所有手机和大多数计算机中。SQLite 文件格式稳定、跨平台、向后兼容,通常用作系统之间传输丰富内容的容器,并用作数据的长期存档格式。有超过 1 万亿个 SQLite 数据库在使用中。

在浏览器地址栏中输入 SQLite 官网地址:slite.org(完整地址为 https://www.sqlite.org/index.html),单击"Download"按钮,选择适用的预编译 SQLite 版本(Precompiled Binaries for＊＊＊),例如,Windows10 操作系统适合下载"Precompiled Binaries for Windows"→"sqlite-dll-win64-x64-3400100.zip",下载后解压到指定目录,如 d:\sqlite3。下面以 Windows10 为例,介绍使用 SQLite 创建数据库的方法。其他版本类似。

7.6.2 在命令行方式下创建数据库与表

SQLite 的 sqlite3 命令被用来创建新的 SQLite 数据库,格式为"sqlite3 数据库名.db",db 是数据库文件类型的扩展名,执行后即可完成建表等数据库操作,输入".quit"或按组合键"Ctrl+Z"结束数据库操作,返回操作系统的命令提示符状态。图 7-24 展示了创建 school 数据库的过程。

图 7-24 用 sqlite3 命令创建 school.db 数据库

在 Windows 中打开命令提示窗口,切换当前目录到 SQLite 的安装目录。输入命令"sqlite3 school.db"回车后,如果当前目录中没有文件名"school.db"则创建新的数据库文件 school.db,如果有则打开该数据库。数据库名称前面也可加上目录路径,如 sqlite3 c:\temp\school.db 表示将数据库创建到 C 盘 temp 目录中。

命令执行后发现命令提示符区变为 sqlite>,此时可以输入 SQL 语句,如.databases 查看数据库信息,输入".quit"退出 SQL 操作后,新建的数据库会写入当前目录中。

SQL 语句创建表使用 CREATE TABLE 表名,定义表中各列的列名、数据类型、约束等信息比较复杂,用户可查阅资料掌握更多的 SQL 语句,或者使用图形界面完成定义后导出 SQL 脚本。

图 7-25 展示了创建表、插入数据、查询表的 SQL 语句。

图 7-25　SQL 语句:创建表 department、插入一行数据、查询表

7.6.3　在数据库图形界面下创建学生数据库

命令行操作需要用户完整掌握 SQL 语句语法,若出错,修改不方便,显示不直观。在实际应用中一般会使用图形界面方式操作数据库和表,需要额外下载其他工具。目前比较流行的工具是 DBeaver。

1. DBeaver 软件简介

DBeaver 是一个免费的通用数据库管理工具和 SQL 客户端,通过 JDBC 支持 MySQL、Oracle、DB2 等所有主流数据库,不限平台,有安装版和免安装版。DBeaver 提供图形界面用来查看数据库结构,执行 SQL 查询和脚本,浏览和导出数据,处理大字段(BLOB/CLOB)数据,修改数据库结构等。

在浏览器地址栏中输入 DBeaver 官网网址 dbeaver.io(完整网址为 https://dbeaver.io/),单击"Download"按钮选择合适的版本,如"Windows (zip)",下载文件解压到合适的目录,如 C:\dbeaver,进入文件夹后,双击"dbeaver.exe"文件打开操作界面。

拓展阅读

DBeaver 安装 SQLite 驱动设置

2. 打开数据库

如图 7-26(a)所示,单击 DBeaver 软件中的菜单"数据库"→"新建数据库连接",在弹出窗口中,数据库类型选中 SQLite,如图 7-26(b)所示,单击"下一步"按钮时如果出现提示"找不到 SQLite 驱动",则需要手工安装驱动后才能打开数据库。

如果驱动正常,会弹出图 7-27(a)所示的窗口。单击路径右边的"浏览"按钮,选择已创建的数据库文件,关闭窗口后在路径文本框中会显示数据库文件的全路径名称,如"d:\sqlite3\school.db"。

单击下方的"连接详情(名称、类型…)",在弹出窗口中修改"导航视图"为"Advanced"(高级视图,才可以编辑表结构),如图 7-27(b)所示。

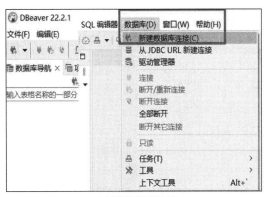
(a) 新建数据库连接

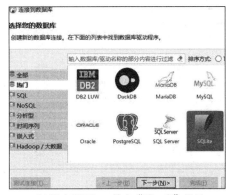
(b) 选中SQLite，单击"下一步"按钮

图 7-26　打开数据库

(a) 选择要连接的数据库文件

(b) 在连接详情窗口中修改导航视图为Advanced

图 7-27　数据库连接与设置

单击"完成"按钮后看到左边"数据库导航"区域出现了"school.db"数据库，单击 school.db 左边的箭头>，展开后箭头变为向上的 V，可浏览数据库中的对象，如表、视图等。双击表名可查看表结构、表数据、ER 图等信息，右击表名可完成复制、删除、重命名等操作。

3. 创建表

以创建 department 表为例。

1）新建表

右击"表"或数据库导航空白区，在弹出菜单中选择"新建表"选项，右边显示表结构设计界面，如图 7-28 所示。修改表名文本框中的"NewTable"为"department"。

2）新建列

单击图 7-28(b)底部的"新建列"图标创建列结构，弹出窗口如图 7-29(a)所示，依次输入列的名称、数据类型、Length(大小)、是否非空等信息。

如图 7-29(b)所示，列名称为 YXH，数据类型是下拉菜单，默认 INTEGER(整数)，单击下拉菜单选择 TEXT(文本型)，也可直接输入数据类型名称，如 VARCHAR，单击非空后面的[ ]，出现[v]表示非空。单击"确定"按钮后回到表结构页面，用类似的方法创建第二列 YXM，创建结束后表结构页面中显示了所有列信息，每列占一行，如图 7-29(c)所示。

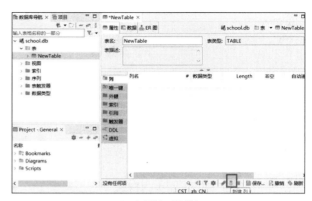

(a) 新建表　　　　　　　　　　　　　　(b) 表属性（结构）

图 7-28　新建表

(a) 新建列结构窗口　　　　　(b) 编辑列结构　　　　　(c) 在表结构中查看列结构

图 7-29　新建列

3）新建主键

数据库表中必须定义主键，主键列可以是一列或多列组合，主键的值必须非空且唯一。在本例中 department 表中的主键是 YXH，即院系号必须非空且唯一。

单击表属性的"唯一键"，单击底部的"新建唯一键"图标，在弹出窗口中可使用默认约束名，也可自定义约束名，勾选主键列为 YXH（单击字段 YXH 前面方框使其出现√），如图 7-30 所示。

(a) 新建"唯一键"　　　　　　　　　　　(b) YXH 字段打勾

图 7-30　新建主键

单击"确定"按钮后回到表属性页面,此时会看到唯一键中增加了主键列定义(PRIMARY KEY)。

4)表的保存、关闭与打开

单击表属性底部的"保存"按钮,会弹出预览 CREATE TABLE 的建表 SQL 语句窗口,单击"执行"后成功创建表结构。单击表名 department 后边的×关闭表定义窗口,双击表名可再次打开表。

用类似的方法,完成数据库中 student 表的创建。

4. 数据库中表及表之间的关系

表与表之间的关系主要通过外键完成。图形界面中通过 ER 关系图查看表之间的关系。

1)新建外键

在学生数据库中,student 表的 YXH 是外键,参考值是 department 表的主键 YXH,也就是说,任何一位学生的院系号必须是学校已经存在的院系号,否则数据无法录入。

设置外键前需注意各表的列定义:参考的外表字段(列)必须是主键,字段的数据类型与大小必须完全相同,已有数据必须符合外键约束。

双击 student 表属性,切换到"外键",单击底部的"新建外键"图标,如图 7-31(a)所示,在弹出窗口中选择参照表 department,在字段中选择 student 表的外键列 YXH,在参照字段中选择 department 表的 YXH,下方"在删除时""在更新时"下拉菜单表示当参照表要完成删除或更新一个 YXH 时对 student 表中 YXH 的影响,一般使用默认的"无动作",如果有具体动作一般采用编程方式完善,如图 7-31(b)所示。

(a) 在student表中新建"外键"

(b) 字段是student中的YXH,参照字段是department中的YXH

图 7-31 新建外键

确定后回到表结构页面,单击底部的"保存"按钮会弹出 SQL 预览窗口,执行保存。如果新建的外键等约束与已有数据冲突则无法保存,因此数据库一般先设计,创建结构,再录入数据。

2)查看 ER 图

ER 图以图形方式反映了表与表之间的关系。双击 school.db 数据库中的视图,右边出现数据库的属性,切换到"ER 图",可看到数据库中已建表结构及表关系,如图 7-32 所示。虚线反映了 department 与 student 表的一对多关系,菱形端是一,圆点端是多,双击线段可查看属性。

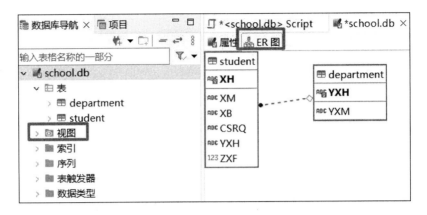

图 7-32　通过 ER 图查看表与表之间的关系

5. 输入表数据

双击打开表,切换到"数据"属性页。单击底部的 ⊞ 图标,上方出现一行空行([NULL]表示空、无)。依次输入各列数据,数据必须符合定义,如数据类型、大小、主键、外键等约束。输入数据后单击底部的"保存"按钮。数据样例如表 7-3 所示。

7.6.4　执行 SQL 语句查询学生数据库

1. DBeaver 的 SQL 编辑器

单击 DBeaver 工具栏"SQL"下拉菜单选择"SQL 编辑器"选项,右边出现空白文件窗口,上方选择 SQL 语句要执行的数据库,如图 7-33 中的 school.db。输入 SQL 语句后右击窗口,选择"执行"→"执行 SQL 语句"。如果文件窗口中有多个 SQL 语句,选中 SQL 语句后再执行。文件可保存成 SQL 脚本,方便以后使用。

图 7-33　SQL 编辑器

最常见的查询包括选择、投影、连接。下面利用已创建的 school 数据库,在 SQL 编辑器中完成以下 SQL 查询语句,通过实例练习总结这 3 种查询的含义和查询方法。

2. 投影示例——查询学生的学号、姓名

在 SQL 编辑器中输入 SQL 语句"SELECT XH,XM FROM student;",右击,在弹出的菜单中选择"执行"→"执行 SQL 语句"。执行后看到下方出现了查询结果,如图 7-34 所示。

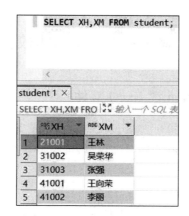

图 7-34　查询学生的学号、姓名的 SQL 语句与执行结果

3. 查询所有女学生的基本信息

在 SQL 编辑器中输入 SQL 语句"SELECT * FROM student WHERE XB='女' AND ZXF>=20;"，SQL 语句可写在一行，也可分多行，以分号结尾。输入后选中要执行的 SQL 语句，右击，在弹出的菜单中选择"执行"→"执行 SQL 语句"。执行后看到下方出现了查询结果，如图 7-35 所示。

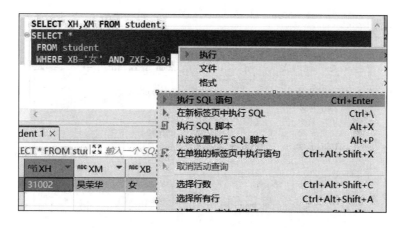

图 7-35　查询所有女学生的 SQL 语句及查询结果

4. 查询信工学院所有学生的基本信息

完整的 SQL 语句如下：

SELECT s. *

FROM student s JOIN department d

ON s. YXH = d. YXH

WHERE d. YXM ='信息工程学院';

5. 查询信工学院所有女学生的基本信息，按总学分降序，相同总学分学生按学号升序排序

完整的 SQL 语句如下：

SELECT s. *

FROM student s JOIN department d

ON s. YXH = d. YXH

WHERE d. YXM ='信息工程学院' AND XB ='女'

ORDER BY ZXF DESC, XH;

7.7 编程实验——Python 数据处理与可视化

7.7.1 【实验 7-1】Python 读 Excel 文件

Python 主要用于数据分析,第一步要读文件,Python 支持读取多种类型的文件,常见的如 txt、Excel、csv 文件,也支持读取数据库等数据,可根据数据文件的格式选择合适的库和方法。下面以读 Excel 文件为例。

1. 源数据分析

图 7-36 所示是保存在"C:\Temp"目录下的 student.xlsx 文件,Sheet1 工作表中保存了学生基本信息,第 1 行是表名,读数据时忽略该行,第 2 行是表标题,第 3～7 行是学生数据。因此,从第 2 行开始读数据。

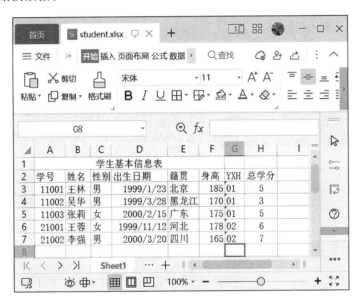

图 7-36 源数据

2. Python 读取 Excel 文件

Python 中的 Pandas 是数据分析工具包,是解决数据分析任务的基础。Pandas 主要有两种数据类型:Series 与 DataFrame。Series 是一个一维的数据结构,常用于表示一组数据集合对象,包括 values(值)、index(索引)。DataFrame 数据类型是一个类似于表格的二维数据结构,包括 values(值)、index(行索引)、columns(列索引)3 部分,适合读取 Excel 表格数据。

导入 Pandas 包使用 import,可以用 as 取别名,在程序中使用别名,如"import pandas as pd"。Pandas 包中提供 read_excel 函数读 Excel 文件,第 1 个参数是文件路径,其他都是可选参数,如"student=pd.read_excel(r'c:\Temp\student.xlsx','Sheet1',skiprows=1)"表示读取 c:\Temp\student.xlsx 文件中 Sheet1 表从第 2 行开始的所有行数据并将其写入变量 student 中。注意,文件名路径中的"\"是转义字符,若在字符串前面加上字符 r 则表示无须转义,若不加 r 要将"\"写成"\\",如文件名为"'c:\\Temp\\student.xlsx'"。工作表名称 Sheet1 区分大小写,必须与 Excel 文件中的表名完全相同。在 Python 中字符串可用一对双引号或一对单引号括起来。

Student 是 DataFrame 类型的对象,输出所有值用 student[:],冒号前面是起始行,后面是结束行。

在 Jupyter Notebook 中运行代码的结果如图 7-37 所示。

```
In [1]: #读c:\Temp\student.xlsx文件Sheet1工作簿除第一行之外的所有行
        import pandas as pd
        student=pd.read_excel(r'c:\Temp\student.xlsx','Sheet1',skiprows=1)
        student[:]
```

Out[1]:

	学号	姓名	性别	出生日期	籍贯	身高	YXH	总学分
0	11001	王林	男	1999-01-23	北京	185	1	5
1	11002	吴华	男	1999-03-28	黑龙江	170	1	3
2	11003	张莉	女	2000-02-15	广东	175	1	5
3	21001	王蓉	女	1999-11-12	河北	178	2	6
4	21002	李强	男	2000-03-20	四川	165	2	7

图 7-37 在 Jupyter Notebook 中运行 Python 读取 Excel 文件

7.7.2 【实验 7-2】Python 读数据库

Python 定义了 Python DB API 访问数据库的数据,任何数据库要连接到 Python,只需要提供符合 Python 标准的数据库驱动即可。下面以访问 SQLite 数据库为例介绍 Python 操作数据库的过程。

① SQLite 的驱动内置在 Python 标准库中,所以 Python3.X 可以直接操作 SQLite 数据库,导入 SQLite3 模块即可:

import sqlite3

② 建立与数据库的连接,使用数据库对象的 connect 方法,参数是连接的数据库文件路径。例如:

db = sqlite3.connect(r"c:\sqlite3\school.db")

③ 创建一个游标对象来执行 SQL 语句。游标(cursor)是应用程序处理数据库 SQL 语句返回结果的一种方法,它是一个指针,可指向 SQL 语句返回记录集,通过移动来定位记录中的某一个位置。例如:

cursor = db.cursor()

④ 利用游标执行 SQL 语句,如果是查询语句,则返回 0 或多行记录;如果是数据更新命令,则返回更新的行数或 0。例如:

cursor.execute("SELECT * FROM student;")

⑤ 游标操作可以利用循环读取每一行,也可以全部提取记录集保存到 List 中。例如,全部提取记录:

Tables = cursor.fetchall()

⑥ 数据库操作完毕时关闭游标。使用游标的 close 方法。语句为

cursor.close()

图 7-38 展示了读取 school 数据库的 student 表的信息源代码与运行结果示例。

```
import sqlite3                                          #导入SQLite数据库
db = sqlite3.connect(r"c:\sqlite3\school.db")           #connect方法建立连接数据库

cursor=db.cursor                                        #创建游标cursor执行SQL语句
cursor.execute("SELECT XH, XM, XB, CSRQ FROM student;") #执行SQL语句
Tables = cursor.fetchall()                              #返回全部记录到Tables

print("学号    姓名        性别    出生日期")
#显示每行记录
t="{0:{4}<5} {1:{4}<8} {2:{4}<3} {3:<8}"                #格式化输出
for row in Tables:                                      #逐行输出前4列值
    print(t.format(row[0],row[1],row[2],row[3],chr(12288)))

cursor.close()                                          #结束,关闭游标

学号    姓名        性别    出生日期
21001   王林        男      1999-1-23
31002   吴荣华      女      2000-3-28
31003   张强        男      1999-11-19
41001   王向荣      男      1999-12-9
41002   李丽        女      2000-7-30
```

图 7-38 Python 读取 SQLite 的 school 数据库中的学生基本信息

7.7.3 【实验 7-3】Python 数据预处理

1. Python 数据筛选

DateFrame 对象通过在中括号内设定筛选条件过滤行。

1) 行范围筛选

根据行序号筛选,如 student[2:]表示输出从行号 2 开始的所有行(2 行,3 行,4 行),student[:3]表示输出行号 3 之前的所有行(0 行,1 行,2 行),运行结果如图 7-39 所示。

注意,中括号中冒号前面的数字是包含在内的行号,冒号后面的数字是不包含在内的行号。

```
#读c:\Temp\student.xlsx文件Sheet1工作簿除第一行之外的所有行
import pandas as pd
student=pd.read_excel(r'c:\Temp\student.xlsx','Sheet1',skiprows=1)
student[2:]            #显示行号为2开始的所有行

   学号   姓名  性别   出生日期       籍贯   身高  YXH  总学分
2  11003  张莉  女    2000-02-15     广东    175   1    5
3  21001  王善  女    1999-11-12     河北    178   2    6
4  21002  李强  男    2000-03-20     四川    165   2    7
```

```
#读c:\Temp\student.xlsx文件Sheet1工作簿除第一行之外的所有行
import pandas as pd
student=pd.read_excel(r'c:\Temp\student.xlsx','Sheet1',skiprows=1)
student[:3]            #显示行号为3之前的所有行

   学号   姓名  性别   出生日期       籍贯    身高  YXH  总学分
0  11001  王林  男    1999-01-23     北京    185   1    5
1  11002  吴华  男    1999-03-28     黑龙江   170   1    3
2  11003  张莉  女    2000-02-15     广东    175   1    5
```

图 7-39 行筛选结果

2) 列条件筛选

例如,筛选身高高于 175 cm 的学生信息。条件是找到每行的身高列值 student['身高'],若大于 175 则输出该行,代码为"student[student['身高']>175]",如图 7-40 所示,输出满足条件的两行。

2. 数据拼接

将两个学生表数据合并。由于两个表的结构相同,可先读入一个表,再用 append 函数将第二个表的数据添加到末尾。第二个表 student2.xlsx 的数据以及与 student.xlsx 合并后的结果如图 7-41 所示。

```
#读c:\Temp\student.xlsx文件Sheet1工作簿除第一行之外的所有行
import pandas as pd
student=pd.read_excel(r'c:\Temp\student.xlsx','Sheet1',skiprows=1)
student[student['身高']>175]       #显示身高列的值大于175的所有行
```

	学号	姓名	性别	出生日期	籍贯	身高	YXH	总学分
0	11001	王林	男	1999-01-23	北京	185	1	5
3	21001	王蓉	女	1999-11-12	河北	178	2	6

图 7-40   在 Jupyter Notebook 中运行 Python 数据筛选

图 7-41   student2.xlsx 及其与 student.xlsx 合并后的结果

3. Python 数据运算

Python 通过对表格的列值运算修改列值或增加列值。例如,根据学生出生日期显示年龄,一个简单的计算公式是"当前年份－出生日期年份"。代码如图 7-42 所示,运行后可看到增加了"年龄"列。

```
#读c:\Temp\student.xlsx文件Sheet1工作簿除第一行之外的所有行
import pandas as pd
import datetime
student=pd.read_excel(r'c:\Temp\student.xlsx','Sheet1',skiprows=1)
#student['出生日期'] = pd.to_datetime(student['出生日期'])
student['年龄'] = datetime.datetime.now().year - student['出生日期'].dt.year
student[:]
```

	学号	姓名	性别	出生日期	籍贯	身高	YXH	总学分	年龄
0	11001	王林	男	1999-01-23	北京	185	1	5	23
1	11002	吴华	男	1999-03-28	黑龙江	170	1	3	23
2	11003	张莉	女	2000-02-15	广东	175	1	5	22
3	21001	王蓉	女	1999-11-12	河北	178	2	6	23
4	21002	李强	男	2000-03-20	四川	165	2	7	22

图 7-42   增加运算列"年龄"

代码第 2 行表示引入 datetime 模块,第 4 行的"datetime.datetime.now().year"表示使用

datetime 模块的 datetime 类的 now().year 获取到当前系统日期的年份整数,"student['出生日期'].dt.year"表示表格中的出生日期列的 year,两者相减得到年龄,写入新建列"年龄"。

以#开头的行是注释行,不运行。

7.7.4 【实验 7-4】Python 数据可视化

1. Python 的 matplotlib 绘图库

matplotlib 是一个 Python 的 2D 绘图库,仅需少量代码即可快速生成绘图,如直方图、条形图、散点图等。matplotlib 的子模块 pyplot 提供一系列的函数完成绘图命令。引入模块语句如"import matplotlib.pyplot as plt"或"from matplotlib import pyplot as plt"。

引入后,可以使用 plt 表示 matplotlib 的子模块 pyplot。图 7-43 绘制了学生信息表中学生的年龄柱状图。横坐标是姓名列,纵坐标是年龄列。

① Jupyter Notebook 内要显示图片,要加上"%matplotlib inline"。

② plt.rcParams 语句设置图片属性,如字体、颜色、分辨率等。

③ plt.bar 语句绘制柱状图,参数包括图形的横坐标、纵坐标、柱形宽度、图形颜色等。

④ plt.show()语句显示图形。

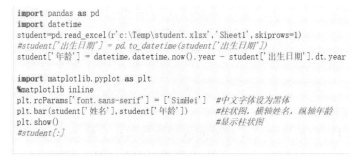

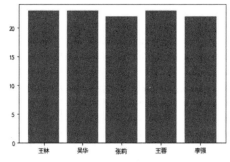

图 7-43 使用 Python 的 matplotlib 绘制学生年龄柱状图

2. Python 与 Echarts

ECharts 是百度基于 JavaScript 的开源可视化图表库,支持快速构建交互式可视化,可流畅运行于绝大多数浏览器中。pyecharts 是 Python 用来生成 Echarts 图表的类库,与 matlibplot 图表库不同的是,pyecharts 支持动态交互展示,这一点在数据展示中非常有用。图 7-44 是使用 pyecharts 显示学生年龄柱状图的代码。

① from pyecharts.charts import Bar 语句引入柱状图模块。

② bar=Bar()语句创建一个柱状图对象给 bar。

③ bar.add_xaxis()、bar.add_yaxis()表示 bar 对象为 x 轴、y 轴指定数据列。

④ bar.render()表示在默认目录下生成一个 render.html 文件。

```
import pandas as pd
import datetime
from pyecharts.charts import Bar
student = pd.read_excel(r'c:\Temp\student.xlsx','Sheet1',skiprows=1)
student['年龄'] = datetime.datetime.now().year - student['出生日期'].dt.year
bar = Bar()
bar.add_xaxis(student["姓名"].tolist());
bar.add_yaxis("年龄",student["年龄"].tolist())
bar.render()
```
'D:\\MyCode\\jupyter-notebook-ipynb\\render.html'

图 7-44　使用 pyecharts 显示学生年龄柱状图代码

到默认目录中双击打开 render.html 文件，鼠标指针移动到柱体时会动态显示该柱体的数据，如图 7-45 所示，显示横坐标为"吴华"的柱体数据是"吴华:23"。

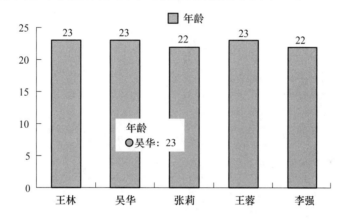

图 7-45　使用 pyecharts 显示学生年龄柱状图

7.8　头歌在线实训 7——数据处理与数据库基础

【实验简介】本章在线实训包括多个软件的数据处理与可视化任务，如 Excel、Echarts、MySQL、SQLite 等，重点掌握数据库标准语言 SQL 语句的查询语句。

【实验任务】登录头歌实践教学平台，完成本章多个实验，每个实验包括多关，每一关可以单独完成，也可以一次性完成，全部完成则通关。实验截止之前允许反复练习，取最高分。

头歌实践教学平台的登录与实验方法见附录。实验任务及相关知识见二维码。

习题与思考

1. 什么是结构化数据与半结构化数据？

2. 简述数据库管理技术的主要特点。
3. 举例说明关系数据库的完整性约束。
4. 简述 NoSQL 数据库的特点。
5. 使用电子表格或数据库方法,创建个人健康数据系统,记录用户的基础数据、饮食习惯、运动记录等信息,并完成日常的查询与分析工作,结合编程或第三方软件实现查询结果的可视化。

参 考 文 献

[1] 教育部高等学校大学计算机课程教学指导委员会.大学计算机基础课程教学基本要求[M].北京:高等教育出版社,2016.
[2] 龚沛曾,杨志强,等.大学计算机[M].6版.北京:高等教育出版社,2013.
[3] 李凤霞,等.大学计算机[M].2版.北京:高等教育出版社,2020.
[4] 陈春丽,等.程序设计基础及应用(C&C++语言)[M].北京:清华大学出版社,2020.
[5] 张玉清,陈春丽.计算机技术应用基础学习及实训指导[M].北京:清华大学出版社,2011.

附录　头歌在线实训帮助

本书配套的在线实训任务发布在头歌实践教学平台,学生与自由学习者请按下面的步骤完成注册并加入课堂后开始学习。

1. 注册与登录

网址为 https://www.educoder.net,可使用手机号或邮箱地址注册登录,也可使用QQ号或微信快速登录。登录后单击头像,选择"我的主页",进入后单击"基本信息"→"修改",在校学生请输入真实姓名、学校全称、学号,职业选择学生。自由学习者请填写真实姓名、学校或单位全称、职业。

2. 加入课堂

单击 ⊕,在弹出的菜单中选择"加入教学课堂",弹出加入课堂窗口,选择身份为"学生/参赛者",输入6位分班邀请码,如附图1所示。在校学生由任课教师发布班级邀请码。

(a) 选择"加入教学课堂"

(b) 选中身份,输入6位分班邀请码

附图1　加入教学课堂

自由学习者请扫二维码获得班级邀请码,自由学习者的学习不计成绩。

3. 实训任务

单击头部头像,选择"我的教学课堂",进入后选择"大学计算机",单击左侧的"课堂实验",右侧显示所有实训名称及实训关卡数量,单击左侧的每章题目时右侧展示该章实训名称和学习进度,单击"开始学习"即可进入实训,允许反复实训练习,有的实训要求一次性完成,有的实训可以分次完成,如附图2所示。每个实训按百分制,每个关卡通过后将得到部分分值。

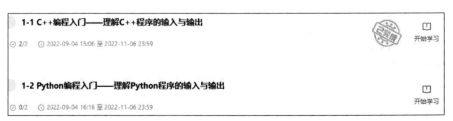

附图2　已完成实验与未完成实验示例

4. 教师建课

任课教师创建自己的教学课堂和班级时,搜索实践课程名称为"《大学计算机》实验",实验课程首页如附图 3 所示。联系作者请发邮件至 ccl@cugb.edu.cn。

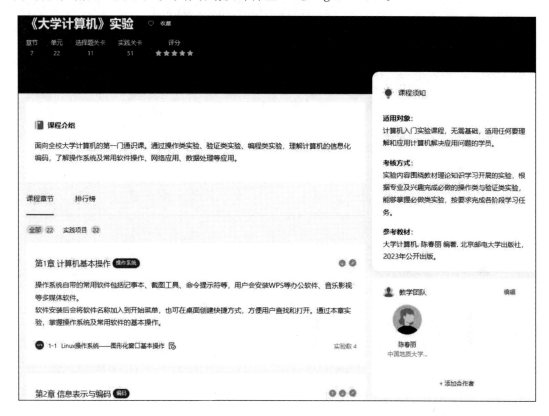

附图 3　实验课程——《大学计算机》实验